天工开物

中国大百科全书出版社

图书在版编目（CIP）数据

天工开物 /《中华文化百科丛书》编委会编著 . —北京：
中国大百科全书出版社，2013.2
　　（中华文化百科丛书）
　　ISBN 978-7-5000-9114-1

　　Ⅰ．①天… Ⅱ．①中… Ⅲ．①科学技术 - 技术史 - 中国
Ⅳ．① N092

中国版本图书馆 CIP 数据核字（2013）第 017882 号

丛书责编：　胡春玲
责任编辑：　马丽娜
技术编辑：　尤国宏　　贾跃荣
责任印制：　邹景峰　　李宝丰

中国大百科全书出版社出版发行

（北京阜成门北大街 17 号　邮政编码：100037 电话：010-88390790）

http：//www.ecph.com.cn

新华书店经销

三河市兴国印务有限公司印刷

开本：720×1020　1/16　印张：8　字数：80 千字

2013 年 3 月第 1 版　2018 年 11 月第 6 次印刷

ISBN 978-7-5000-9114-1

定价：28.00 元

《中华文化百科丛书》编委会

主　编：　龚　莉

编　委：（按姓氏笔画顺序）

李玉莲　　张宝军　　陈　光　　罗二虎

赵　焱　　胡春玲　　郭继艳　　韩知更

蒋丽君　　滕振微

《天工开物》

　　孙关龙　著

前 言

　　中国是一个拥有五千年悠久历史的东方文明古国，在漫漫历史长河中，智慧的人们创造出了令人惊叹的文明、独具特色的中华文化。中华文化在长远的历史中不断沉淀、凝聚、升华，历久弥香，散发出独特的魅力。

　　《中华文化百科丛书》所选主题均经过精心甄选，呈现中华文化的精髓。丛书分 10 册：《思辨之光》是古代智慧的先哲们思想碰撞的火花；《九州方圆》是巍巍山岚渺渺河川华夏大地的浩大图卷；《神州记忆》是知古鉴今的故国记忆；《文物宝藏》是封存的历史遗迹宝藏的探寻；《民族风情》是中国共生同荣的各民族风采展现；《天工开物》是令人叹为观止的中国古代科技成就；《飞扬文字》是诗意文人们用生命写就的多彩华章；《艺术殿堂》是中国古代人们对美的不懈追求；《千年本草》

是中国神秘独特中医文化的诠释；《中华美食》是基于传统文化的舌尖上美食的诱惑。

本套丛书的根基是蕴藏着巨大知识宝藏的中国大百科全书资源库。这是丛书拥有精良品质的重要基础。我们请各学科的专家学者和资深编辑将这座知识宝藏中的"珍宝"挖掘出来，针对读者的需求，进行"擦拭""打磨"，并为内容选配了相当数量富有历史价值和欣赏价值的图片，达到图片和文字互为阐释的效果，形成主题突出、知识准确、文字简练、图文并茂的文化读本，以期让读者在轻松、愉悦的阅读中欣赏中华文化，领略其中魅力，获取其中营养。

本套丛书所展现的内容，虽然在浩渺的中华文明中只能算是吉光片羽，但我们希望这次尝试能够得到读者的认可，从而激励我们以更好更美的方式将更多的知识宝藏奉献给大家。

《中华文化百科丛书》编委会

2013 年 2 月 1 日

| 目录 |

一　概述

　　中国科学技术史是中华文明的重要组成部分，是中华民族认识、利用自然，以及协调文明与自然和谐发展的历史，也是为人类文明发展作出卓越贡献的历史。

　　现知中华民族远祖的最早的重要技术发明，是始于距今200多万年前的石器制造。在今安徽繁昌人字洞发现距今240万～200万年的石器，这是迄今中国和亚洲发现的最早的人类遗物，也是世界上现知发现最早的石器地点之一。在至今约50万年前，我们远祖又创造了一大技术发明——学会用火。北京周口店的北京猿人遗址用火的遗迹曾是世界上最早的人类用火标志。在随后的数十万年中，中华民族的远祖主要依

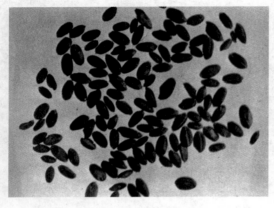

◇新石器时代的小麦（新疆孔雀河出土）

靠制造石器、学会用火这两大技术发明，以采集和狩猎的方式寄生于自然界的动植物之中，并逐步地从直立猿人进化为智人。

火的使用，促使制陶等技术的产生及农业的出现。在距今 1.2 万～1 万年前后，中华民族的远祖进入农业社会，中国与西亚、南美成为世界农业的发源地。以后，我们的远祖以耕牧、建筑、纺织、舟船和冶金五类技术发明作为支撑技术，为农业文明的发展奠定基础。在距今 6000 年前后，中国的黄河和长江等流域与西亚的两河流域、北非的尼罗河流域、南亚的恒河和印度河

◇原始人类农耕图

流域，独立地发展成为人类四大文明的摇篮。随着城市的出现、雏形文字的产生及青铜器的诞生，中国进入文明时代。

　　春秋战国时期中国进入铁器牛耕时代，与稍后的秦、西汉所形成的上古后期，是中国古代科学技术大发展时期，也是中国古代科学技术奠基时期、形成范式时期。中国传统的天学、算学、舆地学（地理学）、农学、医学，以及建筑、冶金、丝绸等各门技术，都在此时期奠基，并形成各自的范式。这个时期，中国传统科学技术的水平相当高，以至于出现不少今人都难以释解的科技成果。

◇战国龙凤纹绣绢衾（局部）

　　西汉后期，汉武帝采纳董仲舒的"罢黜百家，独尊儒术"的建议，确立儒家的独尊地位。从此，除儒学以及道家、阴阳家外，其余各家基本被罢黜或全部被罢黜。而且，董仲舒以一整套神学世界观，把儒学引向宗教化，还把先秦的"天人合一"思想引向极端，建立系统的、由天主宰万物的天人感应论，极大地抑制了中国古代科学技术的发展。这种阻碍和抑制，在中古时代由于封建社会处于上升时期而没有充分地显示出来，到了晚古时代则是完全地显露出来。

中古时期，自东汉到宋元，即公元初至 14 世纪中叶，是中国古代科学技术的黄金时期。期间基本上是持续地高潮发展，至宋元时期成为中国古代科学技术发展的最高峰时期。传统数学、天文历法、医学、农学、地理学以及建筑、冶金、陶瓷等多学科、多领域、全方位地达到前所未有的水平。如数学方面出现了宋元四大家（秦九韶、李冶、杨辉、朱世杰），在高次方程和高次方程组、高阶等差级数求和、联立一次同余式解法、"天元术""四元术"等方面，都取得领先世界数百年的辉煌成就。农学上也有宋元四大家（陈旉、孟祺、王祯、鲁明善），代表着当时中国农学的最高水平，也是当时世界农业发展最高水平的代表。医学上则有金元四大家（刘完素、张从正、李杲、朱震亨），代表金元时期四大医学学派，他们各自从临床经验出发，分别总结出一套医学理论，使我国的传统医学在理论上呈现前所未有的繁荣局面。从技术方面看，中国古代四大发明有火药、印刷术、指南针三项是在宋元时期达到广泛应用的成熟阶段的。宋元瓷器、建筑技术、冶金技术、丝绸生产等都达到中国历史上新的水平。此时期科技专家群星灿烂，除上述几组

◇景德镇窑青花凤首扁壶（元）

四大家外，还有毕昇、苏颂、李械、燕肃、王惟一、滑寿、黄道婆、郭守敬、朱思本、耶律楚材，以及中国古代科学技术史上最伟大的科学家沈括等。

晚古时期，是中国传统科学技术的绝唱时期。此时期中国的传统科学技术还在发展，尤其是明代末期出现一个难得的高潮，涌现出一批中国乃至世界著名的科技专家和专著，包括李时珍的《本草纲目》、徐光启的《农政全书》、徐霞客的《徐霞客游记》、宋应星的《天工开物》。然而，明末战争和清代统治者的政策扼杀了中国传统科学技术向近代科技滋长的机缘。几乎同时，经过文艺复兴洗礼的欧洲发生了科学革命，产生了一批伟大的科学家，包括波兰天文学家 N. 哥白尼（提出太阳中心说），比利时医学家 A. 维萨里（确立科学的人体解剖学），意大利天文学家和物理学家 G. 伽利略（发明望远镜，发现惯性规律，建立自由落体定律），德国天文学家 J. 开普勒（发现行星运动三大定律），W. 哈维（发现血液循环，奠定胚胎学），直至英国物理学家 I. 牛顿的《自然哲学的数学原理》，提出物体三大运动规律，创立经典力

◇《天工开物》中的铸鼎图

◇《天工开物》中的塑钟模图

◇哥白尼

◇开普勒

◇伽利略

◇牛顿

学。中国科学技术在此阶段，确切地说在16、17世纪开始落后于西方。中国的近代科学是由西方传入的。

由上可见，中国的传统科学技术具有以下特点。①历史悠久，且连续不断。无论是远古时代制造石器或火的利用，还是农业技术的出现或文明的出现，中国都是最早的地区之一。而且，中华民族的先祖自200多万年以来，一直在中国这一片土地上生息、繁衍、进化，并最早迈开文明的步伐，直到16、17世纪，其传统科学技术的发展都没有间断。其他国家和地区则不同，包括古埃及、古巴比伦、古印度、古希腊、古罗马、古阿拉伯等，其科学技术在历史上都有间断。
②着重整体论。中国传统科学技术着重整体论，而西方科学技术着重分析论。最典型的事例是中国自春秋战国以来对人类知识的分类，强调的是以《尔雅》为代表的本体论；古希腊对人类知识的分类，强调的是以亚里士多德为代表的分科论。③崇尚生成论、有机论。中国古代科学技术强调整体性，在区域开发中强调天时、地利、人和的三才说，崇尚生成论、有机论，主张敬畏自然，用养结合，所以"四时之禁"在古代实行了 2000 多年，古代生物资源再生的基础一直维持在较高的状态。这种天人合一观、天人和谐观与西方天人对立观是很不相同的。④富有实用性。中国古代以四大发明（造纸术、

◇四大发明之一——造纸术

7

印刷术、指南针、火药）为代表技术体系相当发达。从古代的技术对世界历史进程的影响而言，无论是在广度上，还是在深度上，可以说世界上很难有一个国家能与中国相比。但在古代科学理论上对世界的影响，中国似难以与古希腊相比拟。即使是中国的天学、算学、医学、农学、舆地学等也都偏重实用。⑤成果辉煌。商殷时期已能铸造司母戊鼎之类的巨型青铜器；当时城市手工业已至少具有青铜制造业、制陶业、骨角牙蚌制造业、玉石业、纺织业、酿酒业、建筑业、编织业、制革业、木漆业等10多个门类；在郑州商城、安阳殷墟出土大量海贝、鲸鱼骨、海蚌、大龟和玉制器，这些均非当地所产，

◇青铜方鼎（郑州商城遗址出土）

◇青铜偶方彝（安阳殷墟妇好墓出土）

其中玉产自远方的新疆，海贝、鲸鱼、大龟则出自遥远的南海和印度洋；甲骨文中已通行十进位，最大的数已至三万等。说明中国古代科学技术不但在 3 ～ 16 世纪领先于世界，而且之前的秦汉、春秋战国、西周殷商，至少已有数千年一直居于世界前列。据 1993 年出版的《中国科学技术典籍通汇》统计，中国历代科学技术古籍和其他古籍中以科学技术为主要内容的篇章总字数达 5700 多万字，这是世界任何国家都无法相比的一笔宝贵财富，中国是累积古代科学技术知识和文献最多的国家。中国也是古代科学技术发明创造最多的国家，据统计，公元前六世纪至公元 1500 年的 2000 多年中，中国的技术、工艺、发明成果约占全世界的 54%。

二 远古萌芽

（距今约 4000 年以前，夏朝之前）

1. 石器制造

远古时代，我们的远祖在中国这块土地上开始了一系列
的发明创造。其中最为重要的是，学会制造和使用石器，学
会火的使用，发明陶器，发明农业技术。

石器的制造和使用是人类在其演化史上所跨出的具有决
定意义的一步，为人类彻底告别动物界奠定了基础，也是人
类社会一切科学技术的最早源头。

石器指石质工具，是人类最早的主要生产工具（其他非
主要生产工具有木器、骨器、角器等），也是人类历史上使

用时间最长的主要生产工具。现知中国最早的石器是 1998 年发现于安徽繁昌人字洞的 50 多件石器，距今 240 万～200 万年。这批石器为打制器，制作工艺较原始，也很不规则，多为刮削器，没有砍砸器等，说明当时人类以采集为生，几乎没有狩猎能力。时间晚一点的是山西西侯度遗址的石器，距今约 180 万年。中国旧石器时代著名的遗址有：广西百色遗址，发现数量不少、技术含量相当高的石斧（名为“百色手斧”），年代距今约 80 万年。北京周口店北京猿人遗址，不但发现数量庞大的各种打制器，约 10 万件；还发现当时震惊中外的最早的人类——北京猿人，年代距今 50 万～20 万年。北京周口店山顶洞人遗址，打制石器较为精细，已有少量磨制品，还出现装饰品，其中有的装饰品是用海蛤壳做成，说明距今 3 万～1 万年的山顶洞人已经与居住海边的人类有直接或间接的交往。新石器时代以磨制石器为主，距今 1.2 万～1 万年至距今约 4000 年。此时，石器的制作越来越精细、越来越多样，出现了石铲、石斧、石锛、石凿、石刀、石镰、石矛、石镞、石纺轮、石磨盘、石磨棍、石网等；而且，中国各地的石器显示出惊人的一致，充分说明了中华民族的多元同源。

◇新石器时代石镰

◇新石器时代石刀

2. 火的使用

我们的远祖学会对火的使用，是人类历史上又一次重大的技术进步。人类最初用的是自然火。自然火的历史要比人类的历史漫长得多：火山爆发能产生火，闪电能起火，一些物质能自燃生火，等等。北京周口店的北京猿人已学会用火。他们把火种从自然界引进洞穴，并保存下来，以取暖、照明、去湿和驱赶野兽。1931 年发现北京猿人用火的遗迹，又一次震惊世界。其用火的遗迹——灰烬层有好几层，最厚一层竟

◇周口店北京猿人用火遗迹——灰烬层

达数米，内有被火烧烤过的兽骨，距今约 50 万年。这是当时全世界公认的人类最早的用火遗迹，这个世界纪录保持了半个多世纪，直至 1988 年在南非斯瓦特克兰斯洞内发现距今约 140 万年的大量用火遗迹。那时，北京猿人会用火，但是还不会制造火。考古资料表明，到了旧石器晚期、新石器初期人类才学会摩擦生火或撞击生火。发明火柴则是 19 世纪初的事。

◇北京猿人（复原像）

人类最初用火，是为取暖照明、去寒驱兽，从而使人类能够从温暖地区扩展到比较寒冷的地区，成为地球上唯一能够完全独立自主的动物。人类还用火捕猎和烘烤，不但大大地扩展了择食的范围，从主要植食扩展到大量食肉，而且从茹毛饮血到食用熟食，便于人

◇人类用火烤制食物

13

体的消化、吸收，从而极大地改善了人体营养，促进了大脑和思维的发育、进化，智力和寿命的增长；同时也改变了人类的体质和外貌，例如牙齿变小、变少，吻部不再外突等，促使直立人向现代人演化。

人类在捕猎中，时而用火清除下层的杂草、灌木丛，发现燃烧过的土地生长的植物格外繁盛，能提供更多的食物，于是烧林开荒，刀耕火种，促进了农业的出现和发展，促使人们从游牧生活向定居生活转化，社会则由游牧社会向农业社会转化。用火制陶、冶炼金属，孕育了手工业的产生和发展，促使人类从石器时代迈入金属时代。以后，火用于蒸汽机、内燃机等，人类历史跨入机器时代、工业社会。在现代，火又用于火箭等。没有火，不会有今天的人类社会，也不会有人类今日的体质和面貌。人类学家 V.G. 柴尔德指出：火的使用"是人类自其环境的束缚中解放出来的第一大步"。

◇新石器时代人头形器口彩陶瓶

3. 陶器出现

陶器是新石器时代的标志之一，且多与农业相伴出现，成为农业社会的一个重要标志。陶器的制作要经历四个步骤：①选择制陶的黏土。②用水将其湿润到具有可塑性状态。③将可塑黏土塑成人们所需要的形状。④成型的黏土干燥后用火烧结。其中最关键的是第四步烧结。早期的陶器是露天烧制，温度不高，且受热不均，质地较次。以后用陶窑烧制，温度高了，且受热均匀，质量有了显著提高。通过加热烧结，改变了原有的化学成分和结构，这是人类历史上第一个经过化学反应制成的物品，也是人类历史上第一次

◇新石器时代陶盆

制造出自然界所不存在的物质和器具，因而陶器出现是人类技术史和化学史上的一项重大成果。

　　考古资料证明，世界各地的陶器都是各地人类独立制成的。原先认为中国最早的陶器出自广西桂林市庙岩遗址、江西万年县仙人洞遗址和吊桶环遗址、河北徐水县南庄头遗址等，距今1.5万～9000年。2009年6月号美国《国家科学院学报》刊登中国与以色列学者合作研究测

◇新石器时代蛋壳黑陶高柄杯

◇新石器时代彩陶壶

◇新石器时代黑陶大鹰鼎

试的成果，指出湖南省道县玉蟾岩洞穴的陶器距今1.8万年，为迄今发现人类最早的陶器。最初的陶器质地疏松，以夹砂陶为多。以后随烧结温度提高，质量上升，出现灰陶、红陶、黑陶、彩陶，夏代出现白陶。白陶胎质细腻、坚硬，标志着制陶业的新发展。以后又出现上釉细陶（以唐三彩为代表）等，制陶业的顶峰是紫砂陶的烧制。从宋代起江苏省常州宜兴地区用其特有的高铁紫泥为原料，生产出无釉细陶——紫砂陶。所制成的紫砂壶，造型多样，耐骤热骤冷，保温性能好，成为上等的工艺品、实用品。

陶器可储水储粮、蒸煮食物，过去一直是家居的必需品；亦可以制成各种生产工具，陶纺轮、陶刀、陶锉、陶制水管、陶范、陶模、坩埚等；还可以制成紫砂壶等工艺品。制陶业为酿酒技术的出现提供了器皿和原理；

◇春秋时期铸铜遗址的陶范

为冶金技术的出现打下了掌握温度和氧化还原技术的基础；后又演化出瓷器，成为中国古代的标志性产品。

4. 农业形成

农业的形成，是指新石器早期由驯化野生动植物开始的农业技术的出现和形成。它始自距今 1.2 万年前后，是人类历史上又一个重大的技术革命。人类在此前一直以采集、渔猎为生，完全依赖于自然界。在采集、渔狩的长期实践中，我们先祖累积了大量的动植物知识，为栽培植物、驯化动物创造了条件。考古资料表明，中国是世界上最大的农业起源中心。湖南道县玉蟾岩遗址、江西万年仙人洞遗址和吊桶环遗址、广东英德新石器遗址、浙江浦江上山遗址曾先后出土

◇河姆渡遗址稻谷遗存

1.2万～1万年的栽培稻遗存，说明中国南方是栽培稻的起源地。河北武安磁山遗址发现距今1万年前驯化的旱作农作物黍；此遗址还有距今8700～7500年的驯化了的粟，因此该地区既可能是世界黍的发源地，也可能是世界粟的发祥地。而且，当时的农业已有相当的规模和水平，如磁山遗址发现400多个窖穴，其中88个窖穴堆有黍、粟，合计总量5～6吨。又如，距今7000多年的浙江余姚河姆渡遗址，发现稻谷、稻草和稻壳的堆积层面积达400多平方米，折合稻谷达12吨以上；且已有多个品种，以粳稻为主，还有籼稻。驯化动物现知在中国最早的是猪、狗，七八千年前的河南裴李岗遗址出土有驯化的猪骨，7000多年前的河姆渡遗址出土有陶猪。

◇陶猪（河姆渡遗址出土）

五六千年前在中国出现驯化了的牛、羊，稍后出现驯化了的鸡、马。也就是说，在距今4000年以前的远古时代，六禽（猪、狗、牛、羊、鸡、马）中国都已饲养。

农业的形成和发展，保证了更多的人不用再因采集渔狩而游荡，也让更多的人吃得稳定、吃得饱了，并开始能吃得好一些。因而，导致人类史上人口的第一次大增长，并由迁移不定的采猎生活转变为定居的农业生活，引发人类社会发展的第一次大转折。

在新石器时代早期，我们的远祖纷纷从山地洞穴来到平原、平地居住，包括南至珠江流域，中在长江、黄河流域，北到辽河、松花江平原，东达太湖平原，西至黄土高原西部，依靠发明的耕牧、建筑、纺织、舟船、冶金五大技术，书写了中华民族的大河文明，创造了在世界上无与伦比的农业文明。

三 上古奠基

（公元前约 2000 年～公元初期，夏至西汉时期）

历史的车轮驶进了上古时期，中国远古时期独立发明的耕牧、建筑、纺织、造船、冶金五大传统技术在此时大放异彩，促进了中国天学、舆地学、算学、农学、中医学五大传统学科的诞生，涌现了扁鹊、鲁班、甘德、石申、墨子、氾胜之、李冰、郑国等科技专家，成就了《考工记》《禹贡》《山海经》《黄帝内经》《九章算术》《算数书》《氾胜之书》等一大批重要著述，为中国古代科学技术奠定了基础。特别是春秋战国时代，在诸子百家百花齐放、百家争鸣的推动下，科学技术快速发展，与西方的古希腊、古罗马遥相呼应，不但成为中国文化史上的原典时代、能动时代、轴心时代，也成为中国传统科学技术史上的原典时代、能动时代、轴心时代。

1. 高超的冶金技术

金属的使用是人类历史上一件极其重要的事件，更是人类技术史上一项飞跃式的进步，使人类历史从石器时代跨入金属器时代。

在世界各个古文明中，铜都毫无例外地成为人类最早使用的金属，铜器之后才是铁器。这主要是铜的熔点低，易于冶炼。氧化铜在 800℃便可以还原出金属铜，金属铜的熔点

◇河南登封出土铜器残片（公元前21世纪～前16世纪）

为 1038℃。先前的制陶技术已经为这个还原温度提供了条件。但氧化铁难以还原，金属铁的熔点达 1537℃。

人类开始是利用天然铜。如 1957～1958 年甘肃武威出土的近 30 件铜器，铜的含量高达 99%。以后是冶炼铜，即把铜矿石加热发生还原反应，生成单质铜。单质铜比较柔软，硬度不够，为了得到更好性能的铜器，需要添加其他金属。欧洲、西亚多砷、锑矿，加砷、锑后成为合金铜（称为砷铜、红铜）。中国砷、锑矿少，多锡、铅、锌矿，加锡、铅成为青铜，加锌成为黄铜。中国是利用铜最早的国家之一，最早

◇甘肃玉门出土的铸造铜镞石范

独自冶炼出黄铜，且冶炼铜的水平最高，先后发明石范铸造、泥范铸造、陶范铸造、失蜡法铸造等多种铸造技术。如最晚于春秋时期已采用的失蜡法铸造，即现代的熔模铸造，这是中国对世界铸造技术所作出的重大贡献。春秋战国时期，还发明错金银技术、鎏金技术等，使青铜器金碧辉煌。而且，

◇失蜡法铸造的战国曾侯乙尊盘

　　人们还总结出了各种用途的青铜合金配方。春秋时代成书的《考工记》所记"六齐"，指六种铜锡比例的青铜合金配方，是现知世界上最早的合金配方。

　　中国现知最早的青铜器发现于甘肃东乡林家遗址，年代为公元前 3280 ～前 2740 年。出土的青铜刀，长 12.5 厘米，

◇司母戊鼎

保存也相当完好，因此中国的青铜器出现已有一段历史。商周是青铜器大发展时期，最典型的代表是河南安阳出土的商代的司母戊鼎，鼎高1.33米、横长1.10米、宽0.76米，重达875千克。

铁器的使用比铜器晚得多，现知小亚细亚赫梯人是冶铁技术的发明者，发明于公元前1400年。铁比铜坚硬，铁器使用大大增加了人类利用自然的能力；铁矿又比铜矿多，分布更普遍，因此铁器很快取代了铜器。中国现知最早的铁器是

发现于河南三门峡西周末虢国墓地铜柄铁剑等铁器，年代为
公元前 8 世纪初。春秋战国则进入铁器时代，极大地促进了
社会的发展。由于高度发达的青铜器冶炼技术，冶铁技术在
春秋以后直到明末 2000 多年间，都居世界领先地位。如战国
至汉代已先后生产出四个生铁品种：白口铁、灰口铁、麻口铁、
韧性铸铁；战国至南北朝已掌握渗碳钢冶炼技术、炒钢技术、
团钢技术等。

2. 发达的建筑技术

人类最早栖身于洞穴。随着农业的发展，人类在平地定居，
开始以土、石、草、木等天然材料建造住房。中国古代建筑

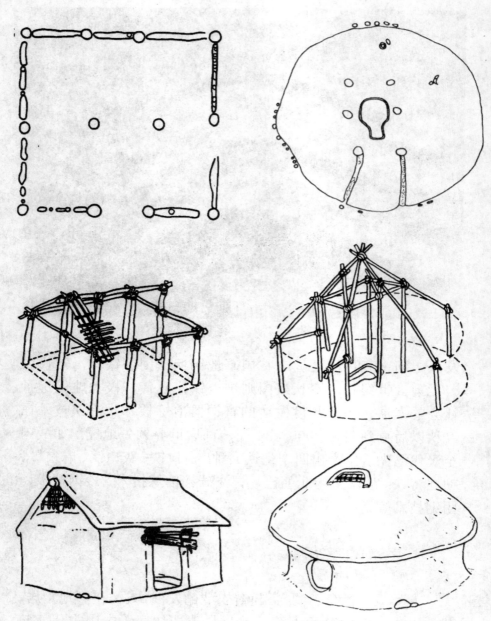

◇半坡遗址地面建筑示意图（上：平面图，中：构架示意图，下：复原图）

◇河姆渡遗址榫卯遗迹

在世界是一个独立发展的体系。它以木结构为主体，以恢弘的气势、精巧的建筑手法闻名于世。

早在六七千年前，中国南方河姆渡遗址已有木结构的干栏民居；在北方半坡遗址则显示规则的民居，许多小房子以一间大房子为中心。上古时期是中国建筑大发展时期，中国建筑体系形成时期。它注重群体组合，形成以"院"为单位的组合体；其空间形式形成许多变化系列，有主从系列，有韵律系列，既有宫殿建筑等严整的对称布局，又有园林建筑、民居建筑等非对称布局。春秋末期齐国的工艺宫书《考工记·匠人》是世界专业建筑的最早记载。书中指出匠人职责有三：一是"建国"，即给都城选择位置，测量方位，确定高程；二是"营国"，即规划都城，设计王宫、明堂、宗庙、道路；三是"为沟洫"即规划井田，设计水利工程、仓库及有关附

◇建章官图

1 璧门 2 神明台 3 凤阙 4 九宝 5 井幹楼 6 圆阙 7 别凤阙 8 鼓簧宫 9 嶕峣阙
10 玉堂 11 奇宝宫 12 铜柱殿 13 疏圃殿 14 神明堂 15 鸣銮殿 16 承华殿
17 承光宫 18 枌榣宫 19 建章前殿 20 奇华殿 21 涵德殿 22 承华殿 23 驳娑宫
24 天梁宫 25 骀荡宫 26 飞阁相属 27 凉风台 28 复道 29 鼓簧台 30 蓬莱山
31 太液池 32 瀛洲山 33 渐台 34 方壶山 35 曝衣阁 36 唐中庭 37 承露盘
38 唐中池

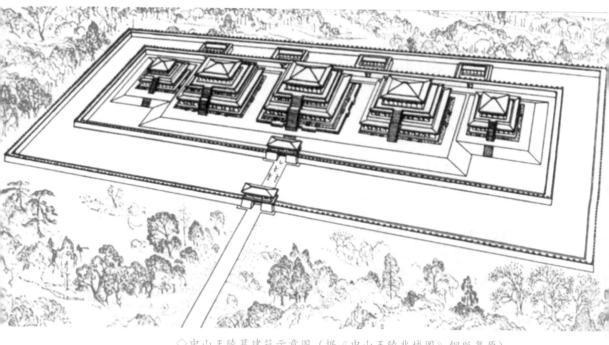

◇中山王陵墓建筑示意图（据《中山王陵兆域图》铜版复原）

属建筑。据《考工记》记载，当时已形成了三朝（外朝，又称大朝；内朝，又称日朝；常朝）、三门（皋门、应门、路门）和具明确中轴线宫殿建筑的规式。这一时期具有代表性的宫廷建筑有秦朝咸阳旧宫、信宫（又称咸阳新宫）和阿房宫，以及汉朝的未央宫、建章宫。河北平山出土的战国晚期的《兆域图》，是中山王陵墓建筑群的平面图，表明中国很早就有建筑图的绘制，也表明已有先绘图后施工的一套工艺。

3. 精美的丝织品

中国是世界上生产纺织品最早的国家之一。六七千年前，中国与古埃及、两河流域、古印度等已分别生产麻葛、亚麻、

◇钱山漾遗址出土的绢片

◇春秋时期的蚕桑纹尊

羊毛和棉等早期纺织品。最突出的是中国为蚕丝的发源地，养蚕缫丝是利用植物纤维方面最重要的成就，也是对世界纺织技术的极大贡献。

1958年，距今4000多年的浙江湖州钱山漾遗址出土一块绢片和一段丝带，从织物的精细程度和长度看，当时缫丝织绸的能力已相当成熟；20世纪80年代，距今5500年的河南荥阳青台村遗址发现丝麻织物残片。表明中国对蚕丝的利用已具有六千年的历史。上古时代的商周是丝织品大发展时期，出土有罗、缣、绮、绸、锦等品种。据《诗经》记载，当时北方普种桑树，并有大面积桑田；已出现纶（丝纽）、缄（丝扣）、缡（丝织佩巾）、缟（丝织白绢）、绥（帽带下垂部分）、缗（钓鱼丝绳）、缦（丝线）、纰（丝马缰绳）、帛等丝织品。西汉出现以踏板斜织机为代表的缫丝、纺线、织造等较为完备的技术体系，发明凸版印花技术与手绘相结合的方法；仅在湖南长沙马王堆汉墓中，出土丝绸46

◇湖南长沙马王堆汉墓出土西汉素纱禅衣

◇唐绞缬朵花罗

◇苏绣：白孔雀

◇蜀绣：鹦鹉海棠

卷、成衣 58 件、服饰 27 件，其中一件素纱禅衣，重仅 49 克。唐代，形成绞缬（现称扎染）、蜡缬、夹缬、灰缬等防染印花技术。唐代以后，又发明缂丝、缎、绒、妆花等技术工艺，以及新型花本式提花机，使织锦进入一个新的阶段。此外，锁绣、劈绣、平绣等刺绣技术的发明，苏绣、粤绣、湘绣、蜀绣等流派的形成，使丝织艺术成为中国之珍、东方之宝。

4. 先进的造船技术

中国是世界上最早制造船舶的地区之一，在古代也一直是世界造船的中心。早在旧石器晚期，我们的先民已使用独木舟。浙江跨湖桥遗址距今8000年，发现相当成熟的独木舟；浙江河姆渡7000年前的新石器遗址出土的木桨，已相当成熟，并已有不同的形制。距今3500年前的商初出现了木板船。木板船的问世，是造船史上的一个重大创举，标志造船技术进入了一个新的时期。甲骨文证明，商代已有多种式样的木船，包括"王舟"；不但有以木桨为动力的船，而且出现帆，即以风为动力的船。西周、春秋战国至西汉时代是中国造船技术的奠基阶段：①船只多样化。当时吴国有大翼、小翼、突冒、楼船、桥船，越国还有中翼、戈船等。②船体大型化、船只

◇广州汉墓出土的陶舟

数量骤增。据《越绝书》录，吴国的大翼（船），长10丈、宽1.5丈（相当于长20米、宽3米），可载90多人，其中桨工50人。公元前468年越国迁都，从钱塘会稽（今浙江绍兴）迁至山东半岛琅邪（今山东烟台），所用的戈船可载二三百人，仅动用戈船即达300艘，还有楼船和其他战船。据《史记·平

◇楼船

准书》记，汉武帝南征南越国时，"治楼船，高十余丈"，即楼有多层，高二三十米。③有一系列重要的造船技术发明。a. 连体船发明。西周已出现多种多样的连体船，其优点是载运量大，稳定性好，缺点是驾驶和运转不便。在造船史上，连体船曾一度退出历史舞台。然而，双体船甲板面积加大，载重量倍增；船体宽，稳定性强，航行安全度高；且有两个螺旋推进器，更便于操作等优点，已被现代海洋远航和海洋勘探广泛采用。b. 舵的发明。起始于西汉初或以前。舵是拖曳在船尾的"桨"。桨是通过划水所产生的反作用力推动船只前进；舵不划水，依靠船尾水流在舵面形成的水压（称舵压）控制船只的航向。舵压很小，但它与船只重心的距离较大，依据杠杆原理它摆动船只的力也大，故能使满载的大船轻便地转向。这个动一丝引千钧力的发明，约于公元10世纪传至阿拉伯，12世纪末13世纪初传入欧洲，为15世纪欧洲地理大发现提供了技术装备。c. 橹的发明。橹最迟在西汉末已出现，安装在船旁，用人力摇动使船行驶。它比桨先进，桨依靠桨板后划产生的反作用力推动船只，划动中离开水面的过程做的是无用功，既费力，效率又低。橹则在水中来回摆动推动船只，效率大增，且又巧妙地利用了杠杆原理，大大地节省了人力，提高了船速。这个结构简单又轻巧高效的装置，被西方学者称为"中国发明中最科学的一个"。欧洲人到18世纪才使用中国传去的橹。d. 水密舱的发明。水密舱是指用隔舱板把船舱分隔为一个独立的舱区，以保证即使有个别或少数舱区破损漏水，也不至于整个船沉没。它大大地提高了船舶的抗沉性能，增大了安全性。而且，它从横向上加大了船体抗压强度，并便于装卸和管理。这是中国在船舶结构方面的一项重要发明，亦是船舶设计和制造方面的一项重要措施。有学者认为它出现于上古时代末，也有学者认为晋代（现见最早的文字在晋代）才出现。欧洲18世纪末才由中国传入，加以运用。这一发明，至今是世界各国的船舶制造中不可或缺的工艺和装置。

5. 中国和世界第一部技术专著——《考工记》

《考工记》成于春秋末期，是齐国官府手工业工艺技术规范的汇集，也是现存中国和世界最早的技术专著。西汉刘歆校理古籍时，发现《周礼》缺佚《冬官》篇，遂以《考工记》补缺，成为儒家经典《周礼》的一部分。

全书7000余字，记述木工、金工、皮革工、染色工、玉工、陶工6个大类30个工种的设计和制造工艺规范。它涉及车辆、冶金、兵器、乐器、酒器、玉器、量器、陶器、皮革、染色、建筑、水利、农业等门类。反映当时手工业分工已相当精细，如车辆的制作，有"车人"，负责车辆的整体设计和检验；有"轮人"，专门负责车轮的制造；

◇《考工记》（明嘉靖六年刻本）

◇《周礼·冬官·考工记》（影印长沙观古堂藏明翻印本）

37

有"舆人"，专门负责车厢的制造；有"车舟人"，专门负责车辕的制造。亦反映当时手工业技术相当高超。如《弓人》篇对制作弓干的材料，排比出七种材料的优劣："柘为上，檍次之，檿桑次之，橘次之，木瓜次之，荆次之，竹为下"；对牛胶、马胶、犀胶、鼠胶、鹿胶、鱼胶六种动物胶的性能进行了比较，指出牛胶最佳、马胶次之等。而且，它记载的已不是一般的技术经验，而是六个大类三十个工种生产设计的规范标准，制作工艺的规范标准。如道路用车宽（轨），庭院用步长，室用几（小桌）长，堂用筵（草席）长，每种标准的尺度，又都力求符合模数，即有一个最小公倍数，较常用的为三。

更令人惊叹的是《考工记》不但记述了这么多工种技术规范，记其所然，而且叙其所以然，所以有一系列涉及数学、物理、力学知识的记录。如"凫氏"条仅 254 字，把编钟规范、音响效果、调音技术和声学特性都叙述到了，并层次分明，逻辑严谨。它是中国和世界上关于制钟技术的最早记述，比欧洲早 1700 年。

《考工记》科技记录在中国上古时代是首屈一指的，也是中国古代科技史上最重要文献之一。而且，内容之富、时间之早在世界上是无与伦比的。

6. 算学奠基

在历史上中国是世界数学发展的中心，许多定理、算法、解法最先由中国提出或求出。3000 多年的上古前期，中国发明十进位制，为当时世界最先进的识数法。3000 年前的西周初期，已掌握勾股、圆方等知识。最晚至春秋时期，已掌握筹算这个当时世界上最优越的计算工具，亦已掌握珠算这个计算工具；已能表示负数、小数、分数，二次方程、高次方程、线性方程组等；已熟练运用九九乘法、整数四则运算。战国时期，创造了《算数书》、《周髀算经》和《九章算术》的主要部分；《墨经》在世界上最先提出圆、线、面、端（点）次等数学概念和定义。其中，《九章算术》的分数四则运算、比例和比例分配算法、盈不足算法、开平方与开立方法、线性方程组解法、正负数加减法则、解勾股形和勾股数组等方面，都走在世界的前列，有的超前其他文化数百年，甚至上千年。表明上古时代，已构建了中国传统数学（算学）的基础。

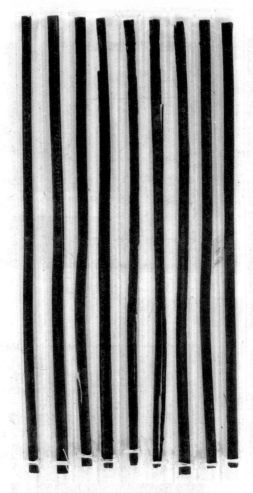

◇湖北江陵出土的数学文献——《算数书》

中国传统数学以算学为主（以代数为主），具有明显的构造性、计算性、实用性、程序化、机械化特点，居于世界前列达数千年之久。中古时代，刘徽的《九章算术注》，赵爽的《周髀算经注》，祖冲之的圆周率七位数值、分数四则运算，开平方、开立方的算法等成就，使中国算学进入快速

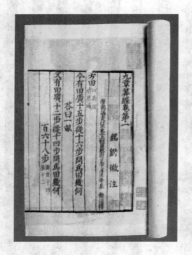

◇《九章算术》卷首
（宋刻本）

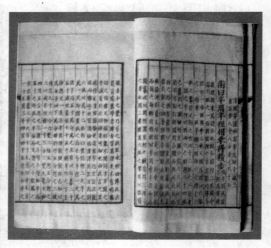

◇《九章算术》（宋刻本）关于
刘徽割圆术的记载

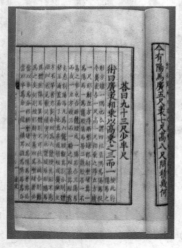

◇《九章算术》（宋刻本）关于
刘徽阳马术的记载

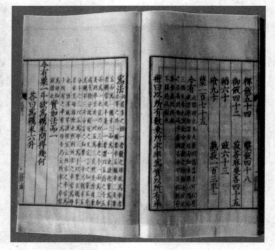

◇《九章算术》（宋刻本）关于
古代比例分配问题的记载

◇《周髀算经》卷首
（宋刻本）

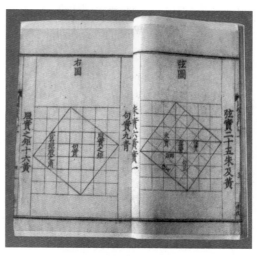

◇《周髀算经》（宋刻本）
关天弦图

◇《周髀算经》（宋刻本）赵爽
关于勾股定理的证明

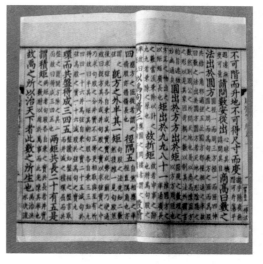

◇《周髀算经》（宋刻本）关于
勾股定理的记载

发展时期。宋元时期形成中国传统数学发展的最高峰，引入"天元"（未知数）观念，出现求高次方程数值解、任意高次幂二项式展开系数规律、高阶等差数求和、多元高次方程式解法等。这些均大大地领先于世界。然而，明初以后200年中国算学却长时期停滞，直至西学东渐后才有新的发展。

7. 天学出现

《尧典》反映远古时代的一些史实，说一年有365日，分为四季，由闰月来调整季节。

上古时期，是中国古代天文学（又称天学）的奠基阶段。甲骨文中，已有日食、新星的记录。西周是天学大发展时代，先出现初吉、既生霸、既望、既死霸等系列月相记录；后出现"朔"这个中国阴阳合历的关键字。《诗经·小雅·十月》曰："十月之交，朔日辛卯，日有食之。"不但记有日食，而且把日月相合的朔作为一个月的开始。春秋战国是中国天

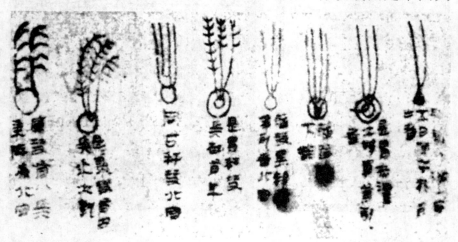

◇马王堆出土的帛书彗星图

◇记述新星的甲骨片 ◇记述日食的甲骨片

学从观察发展到量化研究的阶段,《春秋》系统记载37次日食;
魏国石申撰《天文》8卷,载有121颗恒星的坐标位置,是
现知世界上最早的星表;齐国甘德著《天文星占》8卷,载

◇绘有二十八星宿图像的漆箱（湖北江陵楚墓出土）

有世界最早的木星卫星观察资料，早于欧洲伽利略约 2000 年。甘、石之作，亦是现知世界最早的天文学著作。同时，《庄子·天运》篇、《楚辞·天问》篇问世；西汉又有《淮南子·天文训》问世，尤其是司马迁讲天文的《史记·天官书》和历法的《史记·历书》问世，奠定了中国史书记述天文历法的传统，形成中国天学的第一个特色，即资料丰富，且 2000 多年连续不断。《左传》有四分历记载，《周礼》已有二十八宿和十二次的划分，《淮南子·天文训》第一次列出二十四节气全部名称。二十四节气分为十二节、十二气，是中国历法的阳历成分；"朔"是阴历成分，四分历是阴阳合历，采用一年 365 天，以闰月调节。汉武帝于公元前 104 年颁布的太初历是四分历，此前的古六历均是四分历，此种历法一直运用到 17 世纪。这是中国历法的一大特点，是中国天学的又一个特色。中国天学的再一个特色，是普遍使用圭表测影，而西方基本不用。中国天学的这些特色，都是在上古时代奠定的。

8. 舆地学诞生

舆地学又称舆地之学、方舆学，指中国古代地理学。中国是世界上地理学发展最早的国家之一。距今6000年前的半坡人已经知道把居所安置在河水泛滥不到的河岸阶地上，而且家门都是向阳南开。商代甲骨文中已出现文丁六年（公元前1217）3月20～29日连续十天的天气记录等知识。周代《诗经》中，已记录雨、雪、雹、云、雾、露、霜、虹、闪电等数十种天气现象，山、丘、陵、穴、谷、岭、原（广平之地）、隰（低湿之地）、冈、岵、岸、洲、浦、渊等数十种地貌形态；并认识到地壳变动形成新的不同地形，"山冢崒崩，高岸为谷，深谷为陵"。春秋战国至西汉出现了一系列地理著作：现存中国最早的物候著作《夏小正》、最早的区域地理专篇《禹

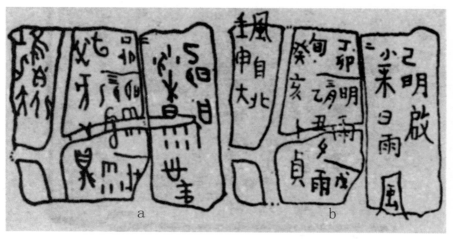

◇商代文丁六年卜辞中一旬的天气记录：a 甲骨原文　b 卜辞译文

45

◇《马王堆地图·军事图》

贡》、最早的综合自然地理专篇《管子·地员》、最早的山
水著作《山海经》、最早的经济地理专篇《史记·货殖列传》、
最早的域外地理专篇《史记·大宛列传》、最早的地图专篇《管
子·地图》、最早的地图《兆域图》《放马滩地图》、最早
的实测地图《马王堆地图·地形图》、最早的彩绘军事地图《马
王堆地图·军事图》等，不但表明中国上古时代重视自然、
研究自然的风尚，而且标志中国舆地学的诞生。

9. 农学问世

中国是世界上最大的农作物栽培中心。前已叙述，在中
国湖南道县、广东英德、浙江浦江和江西万年均发现距今1.2
万～1万年的栽培稻，在河北武安发现距今1万～8700年的

黍和粟。还发现大豆、赤豆、葫芦、韭菜、水芹、葛、麻（大麻）、桃、杏等。研究栽培植物起源的专家认为，中国人驯化并起源于中国的农作物至少有136种。

上古时代的周代是中国农业大发展时期。据《诗经》记载，当时粮食作物品种至少有黍、秬、秠、糜、苞、粟、来（小麦）、牟（大麦）、菽（大豆）、稻、稌、麻苴等10多种；蔬菜作物有荇菜（莕菜）、荼（苦苣菜）、葵（冬葵或冬寒菜）等40多种，果类作物有李、梅、枣、栗、苌楚（猕猴桃）等10多种，衣料作物有葛、纻、茹藘（茜草）、蓝（蓼蓝）、大麻，其他经济作物有桑、漆、檀、松、柏、竹等（含一些野生的）。而且已发明轮作制，已出现专种蔬菜、水果的园圃，已出现养鱼池，已形成一批畜牧专家，包括选育千里马的伯乐。战国至西汉时期，牛耕和铁器的普遍使用，精耕细作技术形

◇半坡遗址出土的陶罐内贮存的粟粒

◇汉代铁犁壁画

成，使中国农业发展产生一个新的飞跃；形成一个学派——农家，成为当时诸子百家中一家；《汉书·艺文志》中载农家著作9种，多失佚，仅剩《吕氏春秋》的《上农》《任地》《辨土》《审时》四篇；西汉末，氾胜之著《氾胜之十八篇》即《氾胜之书》，为中国现存第一部农书（辑本），亦是现存的世界最早的农书。《氾胜之书》系统总结了中国上古时代的农业生产和农业生产理论，不但记录少种多收、抗旱高产的综合性技术——区田法等，更重要的是确立了以总论和各论描述农作物的范式，后世综合性农书均沿袭其体例，标志着中国农学的形成。

48

正是由于上古时候奠定了坚实的基础，中古时代中国农业和农学迎来了大发展。农业耕作技术、选种、施肥技术等都有新的发展。农书方面，不但出现第一部系统完整的农业耕作理论著作——贾思勰的《齐民要术》，还出现一系列专业农学著作，如中国第一部农具专著《耒耜经》，中国第一部茶叶专著《茶经》；出现宋元农业四大家：宋代陈旉，元代孟祺为代表的司农司

◇《茶经》

的专家、王祯、鲁明善。晚古时代则是中国传统农学发展的高峰时期。除农业技术进步外，农学书激增。据王毓瑚的《中国农学书录》（1957）所收古代农书 497 部，明清两代（清为前期）283 部，占 57%，超过历代总和。包括《农说》《补农书》《群芳谱》等，最具代表性的则是徐光启的《农政全书》。

10. 中医学形成

中国传统医学即中医学，是一门有独特理论体系的医学。商代甲骨文中已有疾病记载，统称为"疒"，包括"疒足"、"疒言"、"疒尿"等疾病。周代《诗经》中，有人梳理出有五

◇《黄帝内经灵枢》（明刊本）

大类数十种疾病：惮、痛、劬劳等困苦之病；肝、疢、噎、瘕等忧思之病；微、尵、坏等伤痛之病；疬、瘆等疫疬之病；狂、矇瞍、瞽等其他疾病。这从一个侧面反映中医学当时已有相当发展。金文、《诗经》中都已有"药"字。《周礼·天官》记载已有疾医、食医、疡医、兽医之分，建立有医疗管理、考核、奖罚等制度。至迟在春秋时期开始出现职业医家，到西汉有医缓、医和、扁鹊、淳于意等。战国至西汉时期出现《马王堆医书》《张家山医书》《黄帝内经》等医书，标志着中医学形成。其中，《黄帝内经》以阴阳、五行等释解人体的生理、病理，形成贯穿全身各部分、各系统的经络学，含有类似现代医学循环生理内容的独特理论体系，极富科学价值。这个首尾衔接的气血循环系统不同于西医的血液循环系统：起始点是中焦（肠胃道处），不是心脏；经络的排序从肺开始。说明2000多年前我们的先民已经将饮食消化吸收后产生的物质和能量以及呼吸过程，视为整个气血循环系统的动力与物质基础。这是极富哲理的理论构想。在此基础上，形成经络说、脏腑说，成为中医学理论基础，并为针灸、方药治疗奠基。

四 中古高潮

（公元初期至 14 世纪中叶，东汉到元代）

　　这是中国传统科学技术发展的黄金时代，是中国传统科学技术独步世界的时代。闻名古今中外的四大发明均发生于这一时代；被人称为新"四大发明"的瓷器、丝绸、中药、茶叶，也均繁盛于这一时代。科学家、技术家一批又一批地产生，乃至出现了世界级科学家张衡、祖冲之、沈括、郭守敬等；出现科学家群体组合，宋元数学四大家、宋元农学四大家、金元医学四大家等。而欧洲此时却处于千年黑暗的中世纪时代。

1. 四大发明

四大发明是指中国古代的四大重要发明，包括指南针、造纸术、印刷术和火药的发明。它们是中国古代文明的标志性成就，亦是中国传统科学技术的标志性创造发明。它们中的每一项发明都深刻地影响着中国和世界文明的进程，是中国对世界文明所作的伟大贡献。日本科技史家薮内清1982年说："没有中国四大发明的西传，就没有欧洲的文艺复兴运动"，"也就没有欧洲的近代化"。马克思在1861年说：这些发明"预告资产阶级社会到来"。英国哲学家 F. 培根1620年指出：这些发明"已改变了全世界的面貌和世间一切事物的状态"，"任何帝国、任何宗教、任何巨人在人世间都没有这些技术发明所带来的影响大"。

（1）指南针

指南针是利用磁性铁针具有南北指极性能以辨别方向的仪器。据王充《论衡》记载，最古老的磁性指向仪，是公元前后中国汉代人发明的"司南"。他们将天然磁铁打磨成小勺状，其底磨成光滑，放置在表面光滑的地盘上，勺柄即指南。据《三国志·魏书·马钧传》记录，3世纪时，中国人又利用磁石和差速齿轮相结合，发明能指示方向的机械车——指南车。"司南"一直用到唐代。随着人工磁化技术的发明，在9世纪中期发明指南针。宋代天文学家杨惟德在《莹原总录》一书中，用指南针发现了地磁偏角。宋代科学家沈括在《梦溪笔谈》中详细记录了用磁感应方法制作指南针的多种工艺。

指南针是中国历史上的一项伟大发明，也是中国对世界文明进步所作的一项重大贡献。它可用于航海、测量、军事

◇司南和地盘复原模型

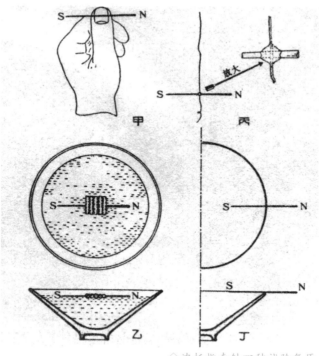

◇沈括指南针四种试验复原

◇据沈括记载复原的缕悬法指南法

和日常生活中。中国至迟在 11 世纪后期已用于航海，13 世纪先后传至亚、欧各国，促进了世界航海事业的兴起。它不仅能指引航向，而且可以测定船舶在海中所处的经度，因此它的应用引起了世界航海技术的重大变革，开创了航海事业的新纪元。诚如英国科技史家李约瑟所说：指南针的应用，将"原始航海时代推至终点"，"预示计量航海时代之来临"。

（2）造纸术

在纸发明和传播之前，古埃及人用纸莎草记事，古印度人用树叶书写，古巴比伦人用泥砖记事，古欧洲人在山羊皮等材料上书写。在中国，商周主要用甲骨、青铜器记事，春秋战国时则用竹简、木椟、丝帛等书写。这些材料，或笨重，或昂贵，或来源很少，或书写困难。造纸术的发明和传播，导致中国和世界各国的书写材料发生根本的变革，大大地降低文字载体的成本，使知识在平民中普及得以实现，从而加

◇西汉原始型植物纤维纸残片（西安灞桥出土）

◇蔡伦

速了中国和世界各国文明的发展和交流，为世界文明的发展作出巨大贡献。

　　根据考古发现，中国西汉已有纸的出土，1957年在西安东郊发现灞桥纸，1974年在甘肃居延发现金关纸，1978年在陕西扶风出土中颜纸，1986年在甘肃天水出土放马滩纸，1990年在敦煌甜水井出土甜水井纸，2002年在敦煌悬泉置出土悬泉置纸。但上述都是麻纸，很粗糙。

公元2世纪初，蔡伦总结西汉以来的造纸技术，成功进行了革新和试验。在原料上，他变废为宝，利用"麻头及敝布、渔网"等废弃物；还开创利用树皮的新途径，既拓宽了原料来源，又大大降低了成本，为造纸业开拓了广阔发展之路；又对原有技术工艺进行革新，制成了震动朝野的好纸，被称为"蔡侯纸"。

　　晋代发明施胶技术，生产出熟纸。公元404年，东晋颁布"以纸代简"令，终结了简牍书写的历史，从此纸成为中国文字的主要载体。唐代造纸技术进一步改进，生产出宣纸、硬黄纸、水纹纸、金花纸等。宋元时期中国的造纸技术达到成熟阶段，出版第一部造纸术专著《纸谱》（986），生产出匹纸、藏经纸、明仁殿纸等。明清两代又有新发展，生产竹纸、宣德纸、砑光纸、罗纹纸等。公元2～18世纪，中国造纸术一直居于世界领先地位，《天工开物·杀青》篇是17世纪世

◇古代手工造纸图

界上对造纸技术最详细的记载。中国造纸术在 4～5 世纪外传邻国，8 世纪传至中亚，12 世纪传入欧洲，17 世纪传遍欧洲各国。

（3）印刷术

印刷术为中国古代重大发明，它经历了两个重要发展阶段：雕版印刷和活字印刷。

唐贞观十年（636）雕版印刷的《女则》，是中国和世界雕版印刷之始。雕版印刷术的发明，必须拥有纸张、笔、墨等物质条件，掌握熟练的刻字工艺技术和反文印刷的原理。当时世界上唯有中国具备了这些物质条件和技术条件。雕版印刷，是由春秋战国时期的拓石（拓片）和西周时已形成的

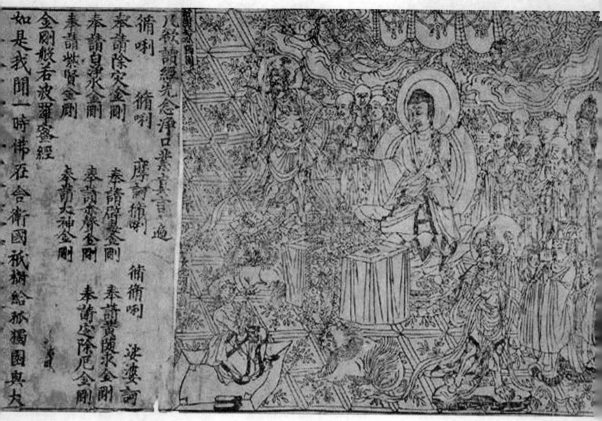

◇唐咸通九年刻《金刚经》卷首佛像

印章盖印两种方法相结合并演变而成。唐开元初（713～714）
雕版印刷的《开元杂报》，是世界上现知最早的报纸。唐咸
通九年（868）四月十五日雕版印刷《金刚经》，是目前世界
上最早有明确日期的印刷实物。1966年韩国庆州佛国寺佛塔
内发现的雕版印刷品《无垢净光大陀罗尼经》，是武周后期（约
702）在洛阳或长安的印刷品。宋代发明铜版雕版印刷，以后
又发明雕版彩色套印技术。雕版印刷术的发明，是人类文化
史上的重大发明，它不但比人工抄写方便，一次可印刷几百部、

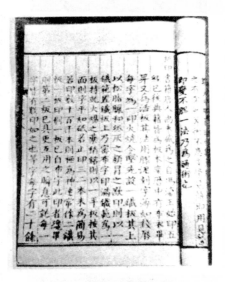

◇据《梦溪笔谈》的记载复原的泥活字版

几千部，而且质量又好，字体规整，工艺精美。但是，印一页要刻一块版，很费力、费时、费料，且不便于储存。

1041～1048年，北宋技工毕昇首创活字印刷技术。他用胶泥做单体活字模，一个字一个模，刻反字，煅烧成陶模，用以排版印刷。活字印刷术，节省了雕版所花费的人力和物力，缩短了出书时间，又便于保存与反复使用，既经济方便，在印刷史上是一次革命，

◇记载毕昇发明活字印刷术的宋代笔记

是人类历史上最伟大的发明之一。现用的铅字排印和电脑打印的基本原理，与毕昇首创的技术是完全相同的。以后又发明木活字、铜活字、铅活字。

印刷术的发明，极大地推动了世界文化的传播、交流和发展。《美国百科全书》（即《大美百科全书》）"科学"条目认为：印刷术打开了西方文艺复兴之门；15世纪有两件事从根本上改变了整个西方的道路，一是印刷术，二是地理大发现。

（4）火药

火药，顾名思义即是带着火的药。现代称之为黑火药或黑色火药。它源自中国古代的炼丹术，在唐元和三年（808）

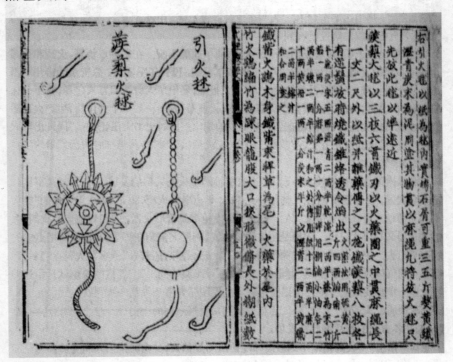

◇《武经总要》关于中国古代火药配方记载

之前中国已发明了火药。它由可燃物和助燃剂（氧化物）组成，可燃物主要是硫黄、炭，助燃剂主要是硝（硝酸钾）。至迟在唐天佑元年（904），中国已正式使用火药武器——"飞火"，即用弓箭把火药团射至敌方城楼上。宋代曾公亮主编的《武经总要》（1044）首次使用"火药"一词，并介绍了三种火药配方。这是现知世界上最早的火药配方。宋代发明燃烧火药型武器；1132年发明管状射击火器"突火枪"，人们公认它是世界近代枪炮的始祖。元代用金属管替代竹管，此种火器称为"火铳"。火药的发明，为古代兵器发展作出

◇元朝至顺三年造铜火铳（世界上现存有明确纪年的最古老的铜火器）

了划时代的贡献。据李时珍《本草纲目》记载，火药还能治病，可治疮、杀虫、去瘟疫。它还可以制作烟花、爆竹等。

12～13世纪火药及其武器传入阿拉伯地区，13～14世纪火药传入欧洲，引起欧洲武器制造业、欧洲战略战术的一系列质的变化，成为文艺复兴时攻破封建城堡的有力武器，并进而改变了人类的历史进程。

2. 名瓷竞放争妍

世界各地的陶器是分别发明的，而瓷器却是中国古代先民独创的。这是一项完全可以与四大发明相提并论的重大创造发明。

商代出现原始瓷器。从陶器变成瓷器，技术要有三个突破：①原料上用高岭土、瓷土，不再是黏土；②窑炉改进，烧结温度提高到 1200℃以上；③釉的发明和应用。原始瓷品胎质坚硬，釉层较厚，釉色较深，欠匀。经过 1000 多年的发展，至东汉中晚期达到成熟，成为标准瓷器。标准瓷器胎质细莹，釉色光亮，胎釉熔合，以浙江龙泉窑生产的青瓷为代表。魏晋南北朝时形成南瓷、北瓷两大系统，当时重大技术突破是北方的白瓷出现。它将胎土和釉料中所含的铁质成分提炼出来，使其含量不超过 1%，且在烧制过程中有效地把握和使用氧化焰。白瓷的发明，为后来彩瓷的发展准备了条件。隋唐时以南方越窑的青瓷、北方邢窑的白瓷为代表；技术上的重大突破是长沙窑发明釉下彩新工艺，出现独具风格的釉下瓷。宋元是中国瓷器的辉煌期，名窑名瓷竞相斗丽：钧窑开创窑变瓷器，哥窑发明开片瓷器，汝窑以青釉瓷为主，官窑以胎薄色润为特色，定窑以白瓷著称。除上述五大名窑外，还有龙泉窑、耀州窑、磁州窑、建阳窑、德化窑、景德镇窑、潮州窑等，生产的瓷器各有特色；元代开始中国瓷器进入彩瓷阶段。明清是中国瓷器顶峰时期，形成瓷都——景德镇；彩瓷五彩缤纷，继釉下彩技术外，又发明釉上彩，以及釉下彩与釉上彩相结合的斗彩；工艺上又进行一系列革新；出现青花、釉里红、粉彩珐琅釉等名瓷。

◇汝窑青釉盘（宋）　◇官窑贯耳瓶
　　　　　　　　　　（宋）

　◇钧窑碗（宋）

◇定窑净瓶（宋）　◇哥窑葵瓣口
　　　　　　　　　瓷盘（宋）

◇景德镇窑青花龙纹碗（元）　◇青花釉里红镂花
大罐（元）

◇耀州窑青釉刻双鹤纹碗（宋）

◇龙泉窑葫芦瓶（宋）　◇磁州窑白地黑花
人物故事枕（金）

中国是瓷器的发源地和主要产地，素有"瓷器之国"之称，中国的英文（China）的最初之意指瓷器（china）。汉唐以降，它是中国主要外销产品，且是中国外销的标志性产品，故海上丝绸之路又称海上瓷器之路。随着产品的外销，其制作技术也外传到世界各地，对世界各国人民的生活带来了广泛的影响。而且，中国瓷器不仅是实用的日用品，还是价值很高的艺术品。

◇景德镇窑五彩人物故事图盆

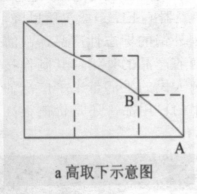

a 高取下示意图

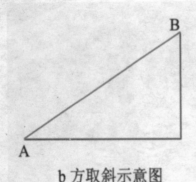

b 方取斜示意图

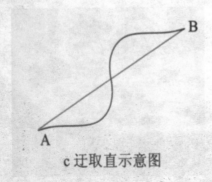

c 迀取直示意图

◇制图六体示意图

3. 制图六体问世

西晋时，中国出了一位著名的地图制图家和制图理论家裴秀（224～271）。他提出了具有划时代意义的地图制图理论——制图六体。李约瑟称他为"中国科学制图之父"。他与欧洲古代地图学家托勒密齐名，是世界古代地图学史上东西相映的两颗灿烂的明星。

裴秀在门人京相璠的协助下，完成中国最早的历史地图集《禹贡地域图》18篇（从公元前约2000年至西晋初）；又把旧《天下大图》按"以一分十里，一寸为百里"的比例尺（相当于1：1800000）缩制为《地形方丈图》；还撰有《禹贡地域图·序》等。两图都已佚失，《禹贡地域图·序》保存在《晋书·裴秀传》中，在该文中裴秀提出著名的制图六体。制图六体是中国古代绘制地图的六项原则：分率（比例尺）、准望（方位）、道里（距离）、高下（垂直距离）、方邪（水平距离）、迂直（直线距离），现代地图制图理论的要素均已具备。它是一套相当完整的中国传统地图制图理论，也是中国古代唯一的系统的地图制图理论。它从公元3世纪诞生，一直指导中国地图制图直至清代，影响1000多年。

4. 大运河的形成

大运河，是京杭大运河的俗称。中国古代南北水路的主要通道。它起自北京，经河北、天津、山东、江苏至浙江杭州，历经六个省、市，沟通海河、黄河、淮河、长江、钱塘江五大水系。全长1880千米，成为世界上最长的运河。

最早开通的是江淮之间的邗沟和杭州、镇江之间的江南运河。邗沟于公元前486年由吴王夫差主持开凿，沟通长江、淮河，全长185千米；江南运河亦大致在春秋末开通。隋代开挖以洛阳为中心的大运

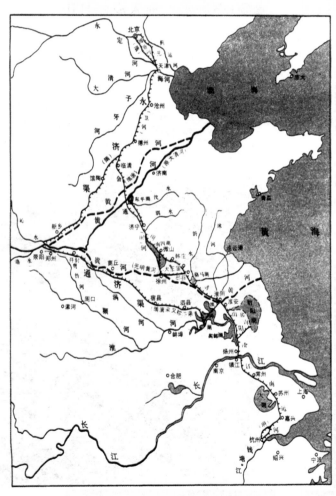

◇大运河变迁图

67

河：邗沟、江南运河成为其南段，又先后开凿广通渠（自长安至潼关）、通济渠（自洛阳至盱眙，沟通黄河与淮水），永济渠（自涿郡至河阳，连通海河与黄河），形成以洛阳为中心，北达涿郡（今河北涿州），南至余杭（今浙江杭州），西通长安（今西安），贯通中国南北的水路交通大动脉。南宋时，黄河夺泗水入淮入海，打破了隋代大运河的格局。江苏徐州段利用黄河通航，徐州至山东济宁段仍利用泗水通航。元代至元二十年（1280）开挖济宁至安山的济州河，至元二十六年开凿安山至临清的会通河，济州河、会通河后合称会通河。

◇隋代开凿沟通南北的大运河（中国画）

临清以北利用卫河（后称南运河）通天津；天津至通州为北运河，都主要为天然河道。至元三十年（1290）凿挖通州至北京的通惠河。从而，形成以北京城内积水潭为起点，由通惠河、北运河、南运河、会通河、黄河航运段、淮扬运河（又称邗沟或江北运河）、长江航运段、江南运河组成的京杭大运河。明代则分别称为白漕（包括通惠河、北运河）、卫漕、闸漕、河漕、湖漕、江漕、浙漕。通行约400年，清康熙二十七年（1688）为避开黄河泥沙，从宿迁到清口开凿中运河，替代黄河航道。至此，京杭大运河与黄河完全分离，仅在清

口交叉，京杭大运河定型，稳定航运近200年。

　　清咸丰五年（1866），黄河在河南封考（今兰考）铜瓦厢决口北徙，夺山东大清河入海。从此，黄河不再流经安徽、江苏，与大运河改在山东交叉，打乱了京杭大运河格局，使大量工程失效。加上海航的强化、铁路的兴起，京杭大运河南北交通的功能减弱，遂由过去的全线通航改为分段局部通航。1980年以后对山东以南的大运河河道进行大规模的整修，现已成为纵跨山东、江苏、浙江三省，沟通淮河、长江、钱塘江水系，长达966千米的水运航道，亦为南水北调东线工程奠定基础。

◇大运河

5. 张衡

张衡（73～139），东汉著名的科学家、思想家、文学家。他与欧洲古代科学家托勒密（90～168）基本处于同一个年代，同是世界级科学家。

中国古代对宇宙结构的认识主要有三个学派：盖天说、浑天说、宣夜说，其中浑天说最具生命力，能解释一系列天文现象，也是流行最广、影响最大的论天学说。其最主要的代表为张衡。他在《浑天仪图注》中，把天比喻为鸡蛋壳，地为

◇张衡

鸡蛋黄，天大地小；天地各乘气而立，载水而浮。还认为蛋壳外的宇宙在时间和空间上是无限的。在《灵宪》中，张衡提出天地起源与演化三阶段论：①虚无空间；②从无到有的突变，产生元气；③进入太元，即无形到有形、无序到有序的突变，逐渐形成天地和万物。

他亲自设计和制造一系列仪器，最为重要的是水转浑天仪和候风地动仪。他用齿轮系统把浑象和计时漏壶联系起来。漏壶滴水推动浑象旋转，一天正好转一周，使浑象自动演示天体的周日运动。浑象还带动一个机械日历，形成自动的机械日历。这一首创是后世机械天文钟的先声。候风地动仪是世界上第一台测验地震的仪器，它成功地监测到东汉顺帝永

◇候风地动仪（复制品）

和三年（138）在甘肃临洮一带发生的一次地震，于是朝野"皆
服其妙"。这是世界上第一次由观测得知地震方位的实录。
张衡还曾制造计里鼓车、指南车和能在空中展翅飞翔的木鸟
等器物。

　　在汉安帝时涉及要不要修改当时的《四分历》大辩论中，
张衡明确指出，历法修改与否不应以是否符合图谶之学为标
准，而应以天文观测的结果为依据。在他等人的坚持下，当
时妄图以图谶之学附会历法的做法以失败告终。他还冒着遭

杀身之祸的危险，上疏提出对所有的图谶之书"一禁绝之"。

张衡还著数学著作《算罔论》（失传）。此外，他还是东汉著名的文学家，并被人列为东汉六大画家之一。

诚如郭沫若 1956 年为张衡题碑文时所写："如此全面发展之人物，在世界史中亦所罕见。"

6. 祖冲之

祖冲之（429 ～ 500），南北朝时期杰出的数学家、天文学家和机械制造家。他家几代人对天文、历法都有深入研究。在家庭的熏陶下，自小"专功数术"。他坚持实际考核验证，亲身进行精密的测量和细致的推算，把中国古代算学和天学都推进到一个新的高度。

祖冲之圆周率是他最著名的贡献。他应用刘徽的割圆术，在刘徽计算（π＝3.1416，当时世界的最佳数据）的基础上继续推算，求出精确到第 7 位有效数字的圆周率：3.1415926 ＜ π ＜ 3.1415927。这一结果相当于对九位数字进行各种演算（包括开方在内）至少需 130 次以上，这即使在今天进行笔算运算都是一项十分繁复的工作，何况当时是用算筹运算。这个数值，使中国数学远远地走在当时世界的前列。1000 年后，阿拉伯数学家阿尔·卡西、法国数学家

◇祖冲之

73

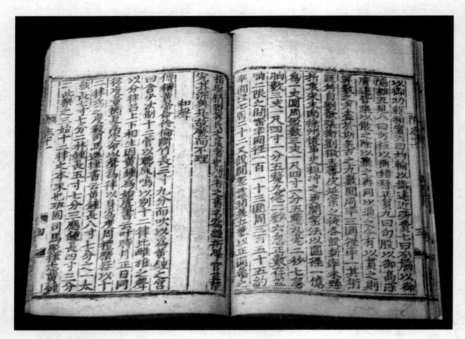

◇《隋书·律历志》关于祖冲之圆周率的记载

F. 维叶特才求出更为精确的数值。为计算方便，祖冲之还求出两个分数表示圆周数值。一为 355/113，称为密率；一为 22/7，称为约率。其中的密率，是分子、分母在 1000 以内表示圆周率的最佳渐近分数。欧洲直到 16 世纪的数学家 V. 奥脱和 A. 安托尼兹才算得这一个数值。

祖冲之曾注《九章算术》，撰《缀术》，惜均亡佚。据史载，唐代还见《缀术》一书，且被收入唐"十部算经"之列，当时学《缀术》用时四年，是"十部算经"中学习时间最长的一部。

在天学领域，祖冲之也有辉煌的成就。他详细研究前代各种历法，大胆提出历法改革，于公元 452 年他 33 岁时完成《大明历》。《大明历》是当时成就最大的一部历法。祖冲之发明由晷影观测计算冬至时刻的新方法，成为冬至时刻的经典算法。以此求得回归年长度 365.24281 日，误差仅为 46 秒，为前所未有最佳成果之一。这是《大明历》的采用值。《大明历》另一个重大成就，是祖冲之首次把岁差引入历法，从而使在历法中计算太阳位置以及月亮和五星位置的精度大大提高。《大明历》还首次明确给出交点月长度值为 27.21223 日，误差仅为 1 秒，达到很高水平。但是，由于权臣戴法兴反对，《大明历》实施不了，祖冲之还受到种种非难，但他仍据理力争。经历刘宋、南齐两代，直到祖冲之死后 10 年，在他儿子祖暅的力主下，《大明历》才于梁天监九年（510）正式颁行。

祖冲之还是一个多才多艺的机械发明家。曾制造"回转不穷"的指南车、"日行百余里"的千里船，以及水碓磨、木牛流马、欹器、漏壶、解钟律、博塞等，被称为当时"独绝"。

7. 沈括

沈括（约 1031 ～ 1095），中国古代科学技术史上最伟大的科学家。钱塘（今浙江杭州）人。《宋史》说他"博学善文，于天文、方志、律历、音乐、医学、卜算无所不通，皆有所论著"。主要科技著作有《梦溪笔谈》30 卷（今正编 26 卷、《补笔谈》3 卷、《续笔谈》1 卷）、《良方》（又名《苏沈良方》）。纵观他的贡献如下：

（1）天文学贡献：①首创"十二气历"。中国以往传统历法都为阴阳

◇沈括

合历，沈括在实测基础上主张用纯阳历的"十二气历"。这完全是一种新型的历法，把节气与月份统一起来，以立春为正月初一，惊蛰为二月初一，以此类推。它简单实用，是中国历法史上一次革命，也因故未被采用。②改进天文仪器，提高观测精度。他简化浑仪，进行连续三个月观测（每夜观测3次），绘制200余幅星图，得出极星位"离天极三度有余"的结论。新制浮漏，以此进行长达10余年的观测和研究，第一次从理论推导出冬至日和夏至日的时差现象。③著《浑仪议》《浮漏议》《景表议》，为天文仪器史上杰出的论文。

（2）数学贡献：①开创隙积术研究新方向。隙积术是求解垛积问题的方法，属于高阶高差级数求和的问题，沈括创立一个正确的求解公式。②开创会圆术研究方向。会圆术是几何学中弓形面积求解法，沈括推导出一个近似公式，为后人研究奠定基础。

（3）物理学贡献：①磁学上发现磁针有指南的，也有指北的；指南的磁针并不总是指南，而常微偏东。这是指北针和地球磁偏角最早的明确记载。②光学上进行凹面镜成像实验，正确指出物体在镜的焦点之内成正像，焦点上不成像，焦点外成倒像。③声学上进行了声音共振实验，指出弦线基音和泛音的共振关系，这个实验比欧洲人早约600年。

（4）地学贡献：①考察雁荡山"峭拔险怪"的地貌、黄土地区"迥然耸立"的地貌，提出流水侵蚀成因说。②考察太行山，见山崖之间衔着螺蚌壳及鸡卵石，提出昔为海滨说；并正确推断华北平原由泥沙淤积而成。③最先创用"石油"一词，并预言"此物后必大行于世"。④在边疆他亲自制成立体地形模型，又复制成木刻地形图，此法后被推广，为国家的国防军事行动提供有力工具；他用12年时间编绘成精致的《守令图》20轴，包含总图2轴、分路图（分省图）18轴。⑤发明分段筑堰逐段测量法，自汴河的汴京上善门（位今河南）至泗州（今江苏泗洪东南）淮河口，测得汴河长840里，水位差为194.86尺。为当时世界上先进的测量法。

（5）医学贡献：①对药物存在的一物多名和多物一名的现象进行了细致的证同辨异工作，校正前人不少差错。②对药物的采集和使用，也纠正前人不少谬误。③收集、整理不少验方，其中《良方》所记"秋石方"记载了世界上最早的荷尔蒙制剂的制备方法。

（6）工程技术方面贡献。在《梦溪笔谈》中记录了大量民间科学技术人物及其成就，如毕昇发明的活字印刷，盲人历算家卫朴，河工高超所创造的三埽堵决法，民间匠师喻皓著的《木经》等。这些都是正史上见不到的，留下了珍贵的科技史料。

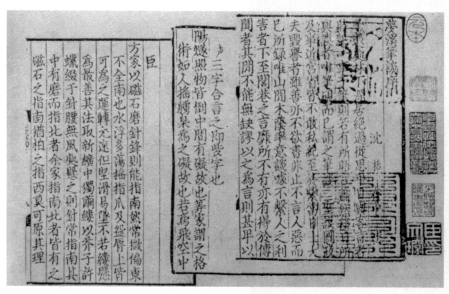

◇《梦溪笔谈》书页（元大德九年刻本）

8. 郭守敬

郭守敬（1231～1316），元代天文学家、水利专家和仪器制造家。主要贡献在水利学、历算学和仪象之学。44 岁前主要精力用于水利工程的设计和实施，45～58 岁转向历算学和仪象之学，59 岁以后又致力于水利学和仪象之学。

郭守敬曾提出 20 多项水利工程建议，治理大小数百处河渠工程。1262 年提出兴修六项水利工程的建议。其中五项是关于华北地区农田灌溉工程，

◇郭守敬

建成自流灌溉水道网络。第六项是大都（今北京）漕运工程建议，开凿通州（属今北京）直达杨村（今河北武清）的新运河。1264 年，实地勘察西夏古渠（属今宁夏回族自治区）和查泊兀郎海（今内蒙古乌梁素海），经疏浚、重整，重发效益。1265 年，提出修复京西的金口河，解决了京西农业灌溉和物质东运的问题。1275 年，提出并实施沟通江苏、山东、河南、河北，连接大运河直达京师的水上交通网工程。1291～1293 年，设计和实施通惠河（通州至大都）工程，从而建成了贯通中国南北的京杭大运河。在大量实践基础上，在世界上最早提出依据山洪流量等水文情况设计渠道宽窄、深浅的定量计量方法；在世界上第一个提出海拔高度概念，

◇河南登封观星台（郭守敬为改革历法，进行天文观测所建）

并正确地得出北京海平面高度低于开封的结论。

1276～1289 年，郭守敬先与王恂共同主持编制《授时历》；后著天文历法著作，主持天文测量等，其主要贡献有：①创制一系列天文仪器，包括简仪、圭表、候极仪、浑天象、玲珑仪、仰仪、证理仪、主运仪、景符、窥几、日月食仪、星晷定时、赤道日晷十三种仪器，史称"十三仪"；还制造便于携带的丸表、悬正仪、座正仪、正方案等仪器，共计 22 种，构成一个相当完善的观测系统。其数量之多，质量之高，创新之众，均居历代天文仪器制造家之首。②主持天文测量工作。1277～1280 年主持对大都（今北京）约 200 次晷影测量工作，计算出十分精确的冬至时刻，并加以归算，得出一回归年长度为 365.2425 日，与当今世界上通用的公历值完全一致。还

◇圭表

◇简仪

组织规模空前的全国天文测量工作，选择 27 个地点进行各种天文数值测量，其数量和分布范围都是空前的，精度也超过前代。③发展宋元时代的数学。他与王恂创立招差术，用 3 次差的内插法计算日、月、五星的运动和位置；创用弧矢割圆术，计算黄赤道差和黄赤道的内外度。④完成一系列天文历法著作，包括《推步》《历仪拟稿》《上中下三历注式》《仪象法式》《古今交食考》《时候笺注》《天成》《修改源流》等。

郭守敬以其丰硕的实际成果，成为 13 ～ 14 世纪中国最杰出的科学家，亦是这个时代世界上最杰出的科学家之一。

9. 宋元数学四大家

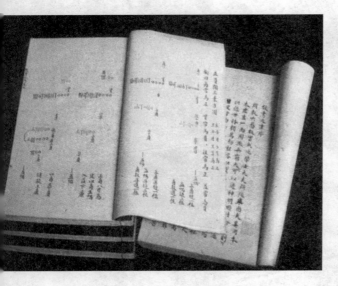

◇《数学九章》（宜稼堂丛书本）关于正负开方术的记载

◇秦九韶表示小数的方法

◇李冶表示小数的方法

宋元数学，不仅是宋元时期科技各学科中的一个亮点，而且是中国古代数学史上的高峰，亦是世界中世纪数学史上最为辉煌的一页。

宋元数学以秦九韶、李冶、杨辉、朱世杰四大数学家为代表，史称宋元数学四大家。

秦九韶（1202～1261），又名秦古道，生于四川。对天文、数学、音律、营造等无不精通。其名著《数书九章》（1247），18卷，九大类，每类由九个例题阐明其算法。突出的成就是首创高次方程的数值解法和"大衍求一术"（一次联立同余式解法）。前一解法早于西方约600年，后一解法早于西方500年。

李冶（1192～1279），原名李治，又名李仁卿，河北真定（今正定）人。元世祖忽必烈多次召见，他都辞官不受，过隐居讲学生活。著《测圆海镜》（1248）、《益古演段》（1259）。前书是中国和世界现存最早研究"天元术"（未知数）的著作，是中国古代独具特色（以筹为计算工具）的代数学。

杨辉（约13世纪中叶），又名杨谦光，杭州人。著《详解九章算法》（1261，残缺）、《日用算法》（1262，残缺）、《杨辉算法》（1274～1275）。书中收录不少已失传的算题和算法，如"增乘开方法""开方作法本源"等。

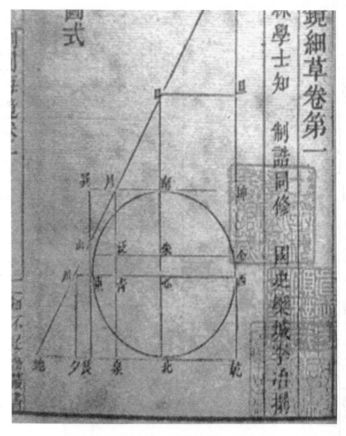

◇《测圆海镜》卷首

朱世杰（13世纪末14世纪初人），又名朱汉卿，河北人。著《算学启蒙》（1299）、《四元玉鉴》（1303）。前者为启蒙算书，从乘除运算到开方、天元术，体系完整，深入浅出。后者首创"四元术"（四个未知数纵横立阵）求解方程的"消去法"，西方直到470多年后（1779）才有；首创高阶等差级数的高次招差公式，与370多年后英国牛顿所得的公式完全一致。

···	···	···	···	u^4	···	···	···	···
···	···	···	···	u^3	···	···	···	···
···	···	···	···	u^2	u^2z	u^2z^2	u^2z^3	u^2z^4
y^4u	y^3u	y^2u	yu	u	uz	uz^2	uz^3	uz^4
y^4	y^3	y^2	y	元	z	z^2	z^3	z^4
xy^4	xy^3	xy^2	xy	x	xz	xz^2	xz^3	xz^4
x^2y^4	x^2y^3	x^2y^2	x^2y	x^2	x^2z	x^2z^2	x^2z^3	x^2z^4
···	···	···	···	x^3	x^3z	x^3z^2	x^3z^3	x^3z^4
···	···	···	···	x^4	···	···	···	···

1

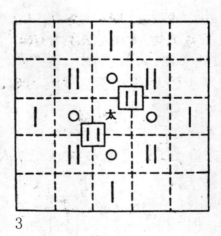

2   3

◇四元术等式

1. 四元术筹式示意图
2. 四元一次式的筹式表示图
3. 四元二次式的筹式表示图

10. 宋元农学四大家

宋元农学在中国农学史上占有重要地位，是中国农业理论、农业技术发展的一个重要时期。其代表人物为南宋陈旉，元代孟祺为代表的司农司的专家、王祯、鲁明善，统称宋元农学四大家。他们为中国农学贡献了四部了不起的农书：《陈旉农书》《农桑辑要》《王祯农书》《农桑衣食撮要》。元代历史不足100年，却为中国农学史贡献了3部非常重要的农书。

陈旉（12世纪中叶人），著《农书》，又称《陈旉农书》

◇《农桑辑要》（清武英殿聚珍版）

（1149）。全书万余字，分上卷总论、中卷牛说，下卷蚕桑，重点是上卷。陈旉在书中创造性地提出：①土地利用因地制宜说。按地势不同提出高山、下地、坡地、葑田、湖田五种土地利用规划。②粪药说。认为要视土性施粪，用粪如用药，要因土施肥。并在肥源和施肥方法等方面有不少创造和发明。③地力常壮论。认为土壤有好坏，只要常加新肥土，施用肥料，可使土壤经常保持新壮。④水稻栽培记录。此书是中国第一部较系统记述南方稻作农业技术的农书，标志中国传统的水稻栽培技术定型。

孟祺为代表的司农司的专家。司农司为元代专管农桑、水利的中央机构，主持人先后为孟祺、张文谦、畅师文、苗好谦等农业专家。他们编著的《农桑辑要》（1273），是中国现存最早的官修农书。全书65000多字，7卷，内容大致承继《齐民要术》布局。其特点：①第一次将蚕桑、棉花等衣着原料生产品种置于与粮食生产品种同等重要地位。②提出全新风土论，为当时棉花传播和以后的玉米、花生、番薯、烟草等作物的引进和发展在思想理论上铺平道路。③新增一系列新作物，如苎麻、木棉、西瓜、胡萝卜、茼蒿、甘蔗等。

王祯（14世纪初），山东东平人。著《农书》，又名《王祯农书》（成于1300年前后）。全书分为三部分：农桑总论、百谷谱和农器图谱。特点：①在中国第一次将南北农业技术合写在一本农书，故《王祯农书》是中国第一部兼论南北农业技术的农书。②以农器图谱为重点。全书22卷，农器图谱

◇水转连磨模型（据王祯《农书》复制）

◇王祯《农书》中卧轮式水排图

占 12 卷，篇幅上占全书的 4/5；收集插图 306 幅，分 20 门，是中国第一部农具大全，以后农书和类书所记农具多以它为范本。③发展和完善陈旉提出的粪药说、地力常壮论等。

鲁明善（14 世纪初），维吾尔族人。撰《农桑衣食撮要》（1314）。其特点：①第一部由维吾尔族人写的农书，介绍不少西北少数民族农牧业生产和衣食情况，如二月插葡萄，五月造酥油、晒干酪，十二月收羊种等。②采用月令体，即按月记载农桑衣食。③通俗易懂，方便实用，被誉为"最好的农家月令书"。

11. 金元医学四大家

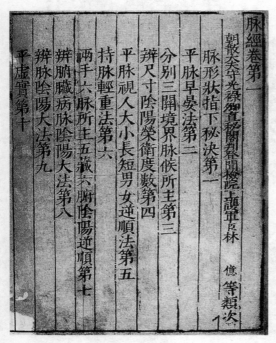

◇《脉经》书影

中古时代的医学经历多次发展高潮。①东汉至两晋为第一个高峰，出现《难经》《伤寒论》《神农本草经》《脉经》《针灸甲乙经》《肘后备急方》等著作，涌现张仲景、王叔和、皇甫谧、葛洪等医学家。②隋唐时期形成第二个高峰，涌现孙思邈、巢元方为代表的一批医学家，有《诸病源候论》《新修本草》《千金要方》《外台秘要》等医书。③宋元时期是最高峰，当时中医有唐代四科（医科、针灸科、按

摩科、咒禁科），发展到宋代分九科，元代又分增十三科（大方脉科、风科、针灸科、小方脉科、眼科、产科、口齿科、咽喉科、正骨科、金疮肿科、杂医科、祝由科、禁科）；出现《图经本草》、《太平惠民和剂局方》《铜人腧穴针灸图经》《十四经发挥》，以及一系列专论，包括骨科的《世医得效方》、妇科的《妇人大全良方》、儿科的《小儿药证直诀》、法医学的《洗

傷寒論卷第一

仲景全書第一

漢　張仲景述

晉　王叔和撰次

宋　林億校正

明　趙開美校刻

　　沈琳仝校

辨脉法第一

平脉法第二

問曰脉有陰陽何謂也答曰凡脉大浮數動滑此名陽也脉沈濇弱弦微此名陰也凡陰病見陽脉者生陽病見陰脉者死

◇《伤寒论》书影（明刻本）

◇据《铜人腧穴针灸图经》铸成的铜人模型

89

◇北宋中药方书《和剂局方》书影

冤录》等；涌现金元四大家，使中医基础理论上了一个新台阶。他们是金代的刘河间、张子和、李东垣和元代的朱丹溪。

刘河间（1120～1200），又称刘完素。金代河北（今河北河间）人。为四大家之首，寒凉派创始人，温病学奠基人之一。他深研《内经》病机，发现六气中缺燥淫，而加以补充；提出新的病机学说，认为"人一身之气，皆随五运时六气盛衰而无相反"，五运中一运过极而他运承制使然，而产生瘟疾，如寒极如火、热极反寒等；进而认为五运六气中火热居主导地位，发病病机以火热为主，倡火热论。治疗上则发展汉张仲景的伤寒学说，倡用寒凉药物治渴热，给中医治热病另辟一径，被称为寒凉派。代表作为《素问玄机原病式》《宣明论方》等。门人和私淑弟子有马宗素、荆山浮屠、张子和等。罗知悌（朱丹溪师）为再传弟子。

张子和（约 1156～1228），又名张从正，金代睢州考城（今河南兰考）人。医学世家出生，曾任军医，进太医院，被擢大臣，张不慕名利，辞官从医。师从刘河间，认为人身之病或自外入，或由内生，皆为邪气，提出攻邪论。治疗上多用汗、吐、下三法，成为攻下派之祖。张氏不反对补法，但主张以食补为主。还提倡心理治疗，以情制情的主张，并留下大量心理疗疾的验案。代表作为《儒门事亲》18 卷。追随者有麻知己、常任明等。

李东垣（1180～1251），又名李杲，金代真定（今河北正定）人。20 多岁时，母病误诊而亡，遂立志学医。师从张元素，继承易水学派。当时，"大头天行"疫病流行，死亡率极高。他探本求源，治愈不少病人，成为一代名医。主张内伤脾胃，百病丛生；导致脾胃受伤的原因，有饮食不节、劳役过度、七情所伤等，成为中医脾胃学说创始人。治疗上以升发脾阳为主，首创补中益气汤等方剂，首创用甘温除热法治体虚身热。因脾胃在中医五行理论中居土，人称补土派。代表作有《脾胃论》《内外伤辨惑论》《兰室秘藏》。门人有王好古、罗天益等。

朱丹溪（1281～1368），又称朱震亨，元代婺州义乌（今浙江义乌）人。自幼习儒，中年时多位亲人死于误治，改儒从医。拜罗知悌为师。认为人体阳常有余，而阴多不足。生命源泉于生理之相火，相火之变即成病理，滋生各种疾病。主张用澄心静虚之法防相火妄动，用滋阴降火之法治疗，首创滋阴派。反对"一切认为寒冷"，反对滥用湿热香燥药物，反对"一方通治百病"，反对服用丹药。主张慎用汗、吐、下法，主张临病制方，节饮养生，辩证治疗。代表作有《格致余论》、《局方发挥》。门人有王履、赵以德、戴文礼、赵道震等。

五 晚古绝唱

（14世纪中叶至1911年，明清两代）

晚古时期中国古代科学技术进入缓慢发展阶段，在这个时期的前一个阶段，曾有领先世界的十二平均律问世，辉煌的航海技术、宫殿建筑、园林技术、万里长城，及至晚明（16世纪末17世纪初）出现一个发展的高潮：先后有朱载堉的《律学新说》、潘季训的《河防一览》、程大位的《算法统宗》、吴有性的《瘟疫论》，特别是李时珍的《本草纲目》、徐霞客的《徐霞客游记》、徐光启的《农政全书》和宋应星的《天工开物》问世。它们已相当重视数学化（定量化），而这是近代实验科学萌芽的标志。短短60多年中，出现这么多优秀科学专著，其数量之多，学科范围之广，在中国历史上是空前的。发展下去是可能产生近代科学的。然而，清军入关、战争和清统治者的政策，打断了这一进程，使晚明的高潮成为绝唱。以后，中国传统科学技术便直线衰落。

1. 十二平均律问世

中国传统声学与律学是密不可分的。鉴于礼、乐在儒家学说中占据重要地位，汉以后律学一直受到官方的重视，历代都有一批官员从事此方面的整理和研究工作，形成颇具特色的中国传统律学。明代则取得重大突破性的发展，即朱载堉创立十二平均律。

朱载堉（1536～1611），明太祖朱元璋的九世孙，自幼爱好音律，专研历法、数学、乐律。于历法、算数都有贡献，著有书卷。

律学又称音律学、乐律学，是研究乐音数理关系的一门科学，为声学的一个分支。包括研究生律法、律制、定律器（确立音高的标准器）等。中国古代一直采用十二个律，各律名称与音高顺序、五声、七声都有对应关系。中国古时用的生律法从春秋以来两千年，都用三分损益法（以三分法确定各律相对音高和音程关系的数学方法）。由于它是一种不平均律，它所生成的律之间没有等比关系，故而生律十三次后无法返原还宫。为弥补其缺陷，两千年来历代都有人研究，但直到朱载堉才完满地给予解决。他"不用三分损益，别造密率"，创立新法。密率指"应钟律数"，即十二平均律的公比数（$\sqrt[12]{2}$），数值为 1.059463。

朱载堉不仅在世界上首创十二平均律，而且首创这类等

朱载堉的十二律计算表

$$正黄钟＝倍应钟／倍应钟＝\sqrt[12]{2}／\sqrt[12]{2}＝2^{0}＝1.000\,000$$

$$倍应钟＝\sqrt[24]{倍南吕}＝\sqrt[24]{\sqrt{2}}＝2^{1/12}＝1.059\,463$$

$$倍无射＝倍南吕／倍应钟＝\sqrt[24]{2}／\sqrt[12]{2}＝2^{2/12}＝1.122\,462$$

$$倍南吕＝\sqrt{倍蕤宾}＝\sqrt{\sqrt{2}}＝2^{3/12}＝1.189\,207$$

$$倍夷则＝倍林钟／倍应钟＝\sqrt[12]{2^{5}}／\sqrt[12]{2}＝2^{4/12}＝1.259\,921$$

$$倍林钟＝倍蕤宾／倍应钟＝\sqrt{2}／\sqrt[12]{2}＝2^{5/12}＝1.334\,839$$

$$倍蕤宾＝\sqrt{倍黄钟}＝\sqrt{1^{2}+1^{2}}＝2^{6/12}＝1.414\,213$$

$$倍仲吕＝倍姑洗／倍应钟＝\sqrt[12]{2^{8}}／\sqrt[12]{2}＝2^{7/12}＝1.498\,307$$

$$倍姑洗＝倍夹钟／倍应钟＝\sqrt[12]{2^{9}}／\sqrt[12]{2}＝2^{8/12}＝1.587\,401$$

$$倍夹钟＝倍太簇／倍应钟＝\sqrt[12]{2^{10}}／\sqrt[12]{2}＝2^{9/12}＝1.681\,793$$

$$倍太簇＝倍大吕／倍应钟＝\sqrt[12]{2^{11}}／\sqrt[12]{2}＝2^{10/12}＝1.781\,797$$

$$倍大吕＝倍黄钟／倍应钟＝2／\sqrt[12]{2}＝2^{11/12}＝1.887\,748$$

$$倍黄钟＝“黄钟倍律二尺……分作勾股”＝1+1=2＝2^{12/12}＝2.000\,000$$

◇朱载堉的十二律计算表

比数列的求解方法。这个创新很好地克服了流行两千年的三分损益法所存在的缺陷，使每相差八度的音都正好成为倍数关系，可以还原返宫，旋宫转调。创建时间为1567～1581年间，比欧洲法国的 M. 默森1636年取得同样的结果早50多年。这一成就在欧洲的使用，开创了音乐史上的新篇章，遗憾的是在中国被朝廷束之高阁。不过，学术界认为"第一个使平均律数学上公式化的荣誉确实应当归之于中国"；朱氏首创的十二平均律被认定为世界通行的标准调音。

2. 辉煌的航海事业和技术

　　中国是世界上最早发展航海的国家之一，在晚古前期及其以前的很长时间内中国的航海技术也一直居于世界前列。早在五六千年前，我们的祖先就在海上航行，把龙山文化、百越文化的器物传至太平洋东岸、北美地区和东南亚、大洋洲岛屿。有书面记载的航海活动始于西周。春秋后期，从辽东到浙江已形成长达数千里的沿海航路。汉武帝时，已有通达今印度、锡兰的海上航线；汉时，不但有地文导航，而且已发展到天文导航。唐时，已开辟当时世界上最长的航线——

◇郑和宝船（油画）

◇郑和

广州通海夷道,长达1万多公里,远达非洲东海岸。宋代中国航海技术有重大突破,先是指南针在航海中的运用,接着出现用磁针制成的罗盘,这不仅解决了恶劣天气下海上定向的问题,而且为近现代海运仪器导航开辟了道路。明初,中国航海事业和航海技术达到顶点。其标志是郑和七下西洋。

郑和(1371～1433/1435),原名马三保,又称三宝太监,云南昆阳(今晋宁)人,回族。从燕王朱棣夺位有功,赐姓郑,始名郑和。曾于明永乐、宣德年间率领舰队七下西洋。从1405～1433年,历时近30年。前三次主要航行到东南亚和南亚;后四次由南亚西航,开辟新航路,其中第五次最远,到达非洲东海岸肯尼亚的蒙巴萨。西方有的学者还认为郑和曾作环球航行。

郑和船队在太平洋、印度洋上纵横驰骋近30年,不仅开辟横渡印度洋直达非洲的新航线、远往阿拉伯诸国的新航路,而且向南越过南纬4°以上,在印度洋和南洋各个海域开辟多条新航线。这些新航线(路)的开辟,有赖于郑和船队使用和掌握了一系列先进的航海技术。他们的天文导航技术,已由往常的海上对星象的占验,发展到牵星过洋,配以罗盘定向,测定针路,测探器长量等一整套先进航海术。《郑和

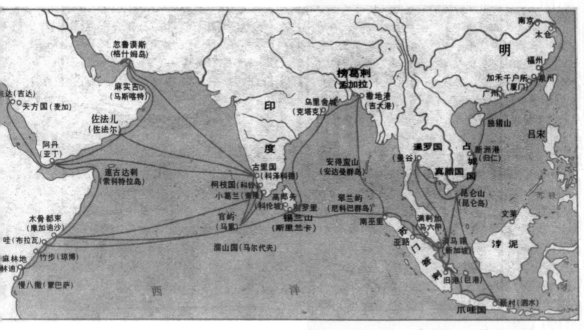

◇郑和下西洋图

《航海图》中所注的过洋牵星数据和所附的4幅《过洋牵星图》，为后世留下了中国最早的、也是最具体完备的航海牵星术的记录。船队已熟练地掌握了印度洋上季节风及其随之发生的季节性海流流向的规律：他们一般在当年十月至翌年正月乘东北季风起航，在西南季风盛行的四月至六月从印度洋、南洋动身归国，船队都在顺风条件下以最快速度、最短的时间驶完预定的航程。

郑和船队每次出航巨舶百余艘，最多一次达208艘；大号宝船长44丈4尺（约148米）、宽18丈（约60米），中号宝船长37丈、宽15丈；每次出海人数都有27000多人，到达亚非30多个国家和地区。其规模之大，时间之长，范围之广，在中国和世界都是空前的。它是中国和世界古代海航

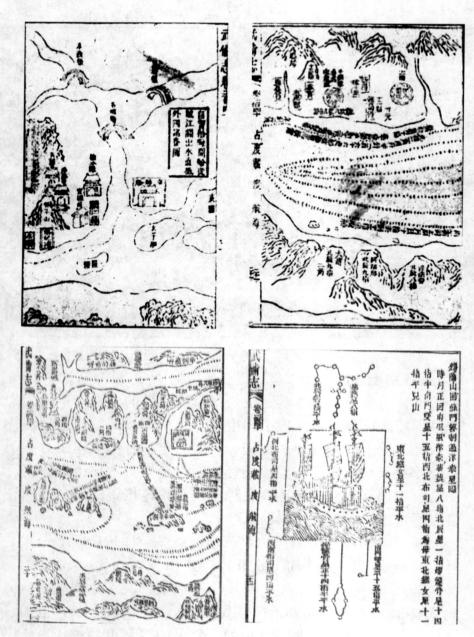

◇《郑和航海图》

事业的顶峰，也是 15 世纪人类文明发展史上的壮举，并把中国与亚非各国的关系推进到一个新的发展阶段。

3. 金碧宏伟的宫殿建筑

中国宫殿建筑至少有 3600 年以上的历史。河南偃师二里头遗址一组廊庑环绕的院落式建筑，有人认为是早商的宫殿，有人还认为此处包含夏代后期的宫殿。河南郑州商城遗址，有人认为是商代中期宫殿。河南安阳小屯殷墟，公认是商代后期宫殿遗址。它们都是夯土地基，地基中加埋木柱；屋顶未用瓦，为茅草顶；都是院落式布局，并一直沿用至清代。西周春秋战国时期，在《考工记》中形成三朝（外朝，又称大朝；内朝，又称日朝；常朝）、三门（皋门、应门、路门）和具明确中轴线宫殿建筑的规式。秦有咸阳旧宫、信宫（又称咸阳新宫）和阿房宫。汉有未央宫、建章宫。曹魏邺城起，宫殿集中一处，改变了有居民区隔开的布局，并形成南北中轴线格式。南朝建康（今南京）起，宫城多为南北长矩形，南面开三门，隋、唐、宋、元沿用，明代在南面改开一门。隋建大兴城（今西安）时，宫城一改汉至南北朝时正殿与东西两室并列（外朝与常朝横列布局），按《考工记》规式为三朝五门、南北纵列在中轴线上。这种门殿纵列制度为唐、宋、元、明、清沿用，成为中国封建社会中后期宫殿布局的典型方式。金中都（今北京）宫殿已用琉璃瓦、汉白玉石等。明永乐四至十八年（1406～1420）兴建中国现存最雄伟壮丽的宫殿——北京故宫，成为 1421～1911 年明清两朝的皇宫。

北京故宫，占地 72 万多平方米，保留至今的建筑面积约 16 万平方米，内有房屋约 1 万间，外有高 10 米的长方形紫

◇紫禁城全景

禁城环绕（南北 961 米、东西 753 米），紫禁城的四角各有一座造型秀丽、屋顶有 72 条脊的角楼，环绕紫禁城是一条宽 52 米的护城河。紫禁城位于北京城中央，其中轴线与北京城中轴线重合。城每面开一门，南面正门称午门，东西为东华门、西华门，北为玄武门（清代改称神武门）。城内是布局严谨、左右对称的多组院落式大建筑群，分前后两大部分：外朝和内廷。外朝以三大殿——太和殿、中和殿和保和殿为中心，两翼为文华殿、武英殿，这是皇帝治理朝政的主要场所。前

◇太和殿

三殿占地 85000 平方米，是中国现存最巨大的殿庭。太和殿构架高耸，是故宫中最高大的木结构建筑；面积 2370 多平方米，是中国现存最大的单体古建筑。内廷由后三宫（乾清宫、交泰殿、坤宁宫）和东西六宫等组成，是皇帝及其家庭居住区。内廷北面还有一座御花园。故宫是中国现存规模最为宏大、保存最为完整的古建筑群和古代宫殿，也是世界上现存规模最大、保存最为完整的古代宫殿建筑群。而且，屋顶铺满以黄色为主的琉璃瓦件，殿里的"天花"和"藻井"、殿外屋檐下的"斗拱"都加彩绘，从外到里都显得富丽堂皇，充分显示中华民族的气魄，中国古代木构建筑技术的辉煌成就。

4. 享誉世界的园林技艺

中国是世界园林三大发源地（另外两个为西亚和希腊）之一。《诗经·大雅·灵台》记载"王在灵囿"，即说晚商时周国已有园林——灵囿。当时园林以天然山水林木为基，加以挖池筑台而成。秦汉园林在囿的基础上构建宫室组成，形成"建筑宫苑"，苑中有宫，宫中有苑，如上林苑、建章宫。晋代出现"园林"一词，由以建筑为主的园林转变为以自然山水为主的园林，出现山水园林；唐宋发展为写意山水园林；明清则为文人山水园林；遂形成以中国为代表的崇尚自然、以山水园林为主体的东方古代园林。

中国传统园林具有独特的风格，在世界园林技艺中独成一体。主要特点：①以山水见长，讲求自然，富有曲折、诗情画意，较少采用几何图形。②分全园为各具不同特色的景区，各个景区既有联系又有区别，使整个园林多姿多态。③充分利用对景手法造景。水有分有合，理水技术有引水、渊潭、泉瀑、溪涧、湖河等；叠造假山，造有奇峰、压叠、洞穴、塌缝等。④老树古木、奇花异草装点满园，色香态美，且与山、水、建筑融为一体。⑤园林建筑构成对景，种类多样，至少有亭、台、楼、阁、厅、堂、寺、塔、榭、桥、廊、舫、椅、桌、殿、墙等类；每类建筑又多姿多态，如廊至少有直廊、曲廊、回廊、水廊、桥廊、爬山廊、叠廊等；且与山水、树木、花草和谐相融；又多匾额楹联，与诗画呼应。明代已总结出中国园林的专著《园冶》。

◇颐和园

中国园林还形成了自己的流派。江南园林，以苏州拙政园、狮子林、留园，无锡寄畅园，扬州个园等为代表：小桥流水，曲径路幽，建筑上青瓦素墙，不施彩绘，常有精致的木雕砖刻。北方园林，以北京颐和园和天坛、承德避暑山庄为代表，园林广大，气势宏伟，有山有水有宫苑，建筑上厚重沉稳、布局严整、色彩强烈。岭南园林，以广东四园（番禺的余荫山房、顺德的清晖园、东莞的可园、佛山的群星草堂）为代表，园林建筑的风格许多介于南北方园林之间，如园亭的翼角曲线

柔和简练，介于北方园亭翼角的凝重和江南园亭翼角的飘逸之间；园亭的装饰典雅而华丽，门窗格扇精雕细刻，极其绚艳，亦融南北园亭之长；还吸收不少西方园林之长，如余荫山房是运用几何图形组织景物空间的典型，全园分东西两庭，东庭以方塘水庭为中心，呈方形构图；西庭以八角形水庭为中心，呈八角形构图。

◇颐和园长廊

5. 令人惊叹的万里长城

　　万里长城是世界建筑史上的奇迹，以其历史悠久、雄伟壮观、工程浩大艰巨著称于世。现知最早修筑长城的是楚国和齐国，时间为公元前 7 世纪前后。当时楚国修建长城数百里，称为方城，地点主要在今河南方城县。公元前 4 世纪前后，燕、秦、赵、魏等国都相继兴建长城。公元前 221 年秦统一中国，秦始皇为防御北方匈奴民族的侵犯，在过去秦、赵、燕三国北方长城基础上进行修缮增建，连续 10 多年，动用人力约 30 万，筑起西起甘肃临洮（今岷县），东至辽宁的万里长城。

　　秦以后历代对长城有修缮，有增筑，其中以明代的修筑工程最大，并达到顶峰。明长城东起鸭绿江，西达嘉峪关，全长约14700里。从明初开始，用了100多年时间才完成。现保存下来的长城，大部分是明长城。当时沿线曾分设九个重镇进行防守。长城由城墙、城堡、关隘、烽火台等组成，成为中国古代规模最为宏大的防御性工程，世界上罕见的系统完整的军事防御设施。

长城修筑在如此辽阔的地域上，构建在崇山峻岭上，流沙、溪谷之中，工程之庞大、艰巨在中国和世界建筑史上都是空前的。秦汉许多烽火台（用土夯筑或用土坯砌筑而成）历经2000多年的风霜雨雪，至今高高地耸立在荒野之上，足见当年修筑水平之高。明长城则更为牢固，特别是东半部（山西以东，以西称西半部），都是用砖砌（局部地段用条石）、石灰浆勾缝而成（西半部用夯土版筑而成），象征中国的砖构建筑技术进入一个新的发展阶段。长城选线的水平也很高，

◇八达岭长城

如东半部大部蜿蜒在崇山峻岭之间，有的利用山脊修筑，有的斜度达七八十度，态势极为雄伟险要。山海关长城、八达岭长城、嘉峪关长城，是长城选址中最具代表的地点。

万里长城雄踞中国北部山河，对防御北方游牧民族突袭，保障陆上丝绸之路畅通，即在保卫国家的安全和保障经济文化的发展方面，都起到了重要作用。它充分体现了中华民族保卫自己生存和发展环境的坚强意志和奋斗精神，充分表现了中华民族的聪明才智和磅礴气概，亦反映了当时测量技术、规划设计、建筑技术和工程管理的高度水平。

6. 李时珍《本草纲目》

李时珍（1518～1593），湖北蕲州（今属蕲春县）人。世医出身，承继家学，以医为业。在从医实践中发现历代本草存在不少错误，会误人生命，决心新编一部本草。为此，他深入实际考察，去湖北武当山、江西庐山、江苏茅山、南京牛首山和安徽、河南、河北等地采集标本，收验单方，乃至进行解剖和药理学试验等。费时27载（1552～1578），三易其稿，终于编著成中国古代药学史上篇幅最大、内容最丰富的药学巨著《本草纲目》。

◇李时珍

《本草纲目》是在宋代唐慎微的《证类本草》的基础上删增考订而成，新增约400种药物，8000个医方。全书52卷，

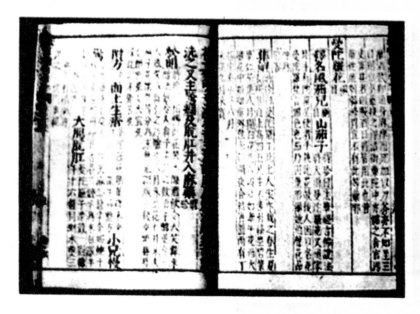

◇《本草纲目》书影

约190万字，分16部、60类，收药物1892种、附方11096则，插图1160幅。书中对本草分类进行改革，采用多级分类法，以16部为纲，60类为目，各部"从微到巨"，"从贱至贵"排序；每一药物以正名为纲，附品为目，形成独特的纲目体系。这个富有创造性的体例，检索方便，又建立了新的较为先进的药物分类系统。其中对动物药物的分类按初始进化思想的顺序排列：虫、鳞、介、禽、兽、人。此书对药学理论的探讨也多有建树。英国生物学家C.达尔文从书中获得鸡的变异、金鱼育种家化的资料，称它为"古代中国的百科全书"。

7.徐光启《农政全书》

徐光启（1562～1633），松江府上海县（今上海市）人。

◇徐光启

1603 年在南京受洗礼，加入天主教；1604 年考中进士，这两件事是他一生中最大转折，日后成为中国近代科学的先驱。

徐光启是中国系统接触西方科学技术的第一人，也是中国翻译古希腊名著《几何原本》的第一人。他提出的"翻译、会通、超胜"作为向西方科学技术学习的原则，400 年后的今天依然闪闪发光。

徐光启主持《崇祯历书》（全书 46 种、137 卷）的修历工作，采用丹麦天文学家第谷的宇宙体系，比利玛窦引进中国的托勒密体系先进（但西方此时已出现更为科学的哥白尼体系）；还引进大地球形思想、大地经纬度测算、球面三角法等。数学方面，他第一个突破中国传统数学的局限，推崇并翻译以严密逻辑推理为特色的欧几里得几何体系，第一个翻译《几何原本》，而且认为此书"不必疑、不必揣、不必试、不必改"等；创造性地提出数学联系实际的 10 个方面，撰成《度数旁通十事》。徐光启用力最勤、用时最长的是在农学方面，著《甘薯疏》《农遗杂疏》《北耕录》及《泰西水法》（合著）等，其中最有价值、影响最大的是《农政全书》。

《农政全书》是继元代《王祯农书》之后，又一部大型综合性农书。1639 年刊行。全书 60 卷，约 70 万字，分 12 门；"博采众家，兼出独见"；分类汇辑引录 299 种古代与明朝的各种文献，保存了大量已佚文献。农政思想是该书重点，篇幅上占一半多，故名《农政全书》。该书的农政思想：一重农；二在维持和提高南方农业生产的同时，提出以垦荒、兴修水利来发展北方农业生产；三重视备荒、救荒的荒政，在构成荒灾的水、旱、蝗虫三大灾害中，认为蝗灾最为严重，对其防治研究亦最为下力；四重视发展农业技术。此书对农业技术的主要贡献：①科学发展中国古代的风土论，提出要破除唯风土论，通过试验即经过实践才能判定风土是否适宜。②提出提高南方旱作技术一系列措施，如提出南方棉、豆、油菜等旱作技术改进意见，包括对长江三角洲地区棉花耕种管理的14字诀：精拣核，早下种，深根短干，稀棵肥壅；提出种麦避水湿与蚕豆轮作等增产技术。③大力推广甘薯种植，总结出

◇徐光启《农政全书》手稿

甘薯13个方面的优点，提出"甘薯十三胜"；通过试验提出甘薯越冬藏种的方法，成功地解决甘薯从华南引种到长江流域的关键技术。④首次系统地总结蝗虫发生的规律和治蝗方法，提出蝗灾"最盛于夏秋之间"、"涸泽者，蝗之原本也"等；根据蝗虫生活史和发生的时间、地点，提出一系列治蝗措施。

《农政全书》是中国农学史上集大成的农业巨著。

8. 徐霞客《徐霞客游记》

◇徐霞客

徐霞客（1587～1641），又名徐弘祖，江苏江阴人。自幼"特好奇书"，"问奇于名山大川"。20岁开始出游，30多年间不避风雪，不计里程，不畏艰险，不求伴侣，攀登悬岩峭壁，行走无人绝径，多次路遇盗贼，数次断粮缺钱，带病行走，百折不挠。足迹遍及今山东、河北、山西、陕西、福建、广东、湖南、广西、贵州、云南、天津、北京、上海等地，是中国历史上以旅行考察为毕生事业的第一人。以1636年为界，前期偏重搜奇访胜，写下天台山、黄山、雁荡山等游记17篇；后期为西南之行，重点考察喀斯特地貌及其发育规律，写下《粤西游日记》《黔游日记》《滇游日记》等。他不论在何种困难的条件下，坚持每天记日记。这些日记是十分难得的原始记录，遗憾的是由于生前未整理成书，散佚不少。其好友季梦良第一次将其记录整理成书是1642年。

流传至今的《徐霞客游记》60多万字，内容涉及地质、地貌、气候、水文、生物、人文地理、民族、民俗等，其中以地貌、水文、生物内容最多，成就最著。仅地貌方面就记述有喀斯特地貌（岩溶地貌）、山地地貌、丹霞地貌、流水地貌、火山地貌、冰缘地貌等，以喀斯特地貌成果最为突出。

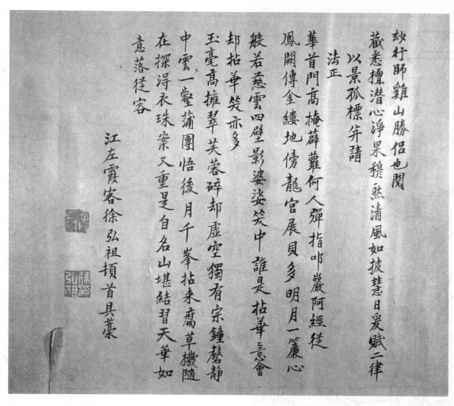

效行師難山勝侶也閼

藏卷檀潛心淨果穩熟清風如撥慧日爰賦二律

以景孤標弇諸

法正

華首門高梅薛難何人彈指邱巖阿經從

鳳關傳金縷地傍龍宮展員多明月一簾心

般若慈雲四壁影婆娑笑中誰是拈華意會

玉毫高擁翠芙蓉碎却虛空獨有宗鐘磬靜

卻拈華笑亦多

中雲一鎣蒲團悟後月千峯拈来腐草機隨

在探浔衣珠案又重是自名山堪結習天華如

意落徙容

江左霞客徐弘祖頓首具蒙

◇徐霞客手迹

他亲自步行考察东起杭州飞来峰、西至云南西部保山的广大地区，仅湖南南部到云南东部面积即有55万平方千米的喀斯特地形，比世界著名的克罗地亚狄迪拉喀斯特地区、美国阿拉巴契亚山南部喀斯特区要大得多，而且地貌形态更典型，类型更多样；亲自探查洞穴达270多个，记有方向、高度、宽度、深度和成因，正确指出洞穴是由水的机械侵蚀形成、钟乳石是含钙水滴蒸发后逐渐凝聚而成等。其对喀斯特地貌记述的深度和广度，不但在中国而且在世界历史上都是空前的。他对热带喀斯特地貌的考察，比德国容格·胡恩早

115

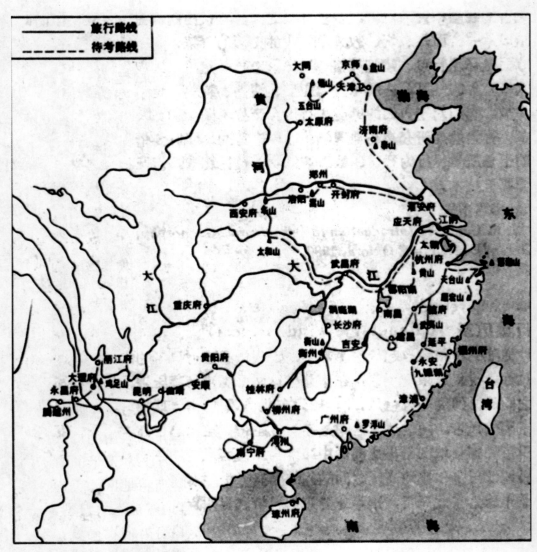

◇ 徐霞客旅行路线图

200多年；在洞穴学方面取得的成就，比斯洛文尼亚的J.V.瓦尔瓦索早半个世纪。《徐霞客游记》是世界上第一部广泛系统记载和探索喀斯特地貌的科学著作，也是中国文学史上最具有文学价值的游记，被人们誉为"世间真文字、大文字、奇文字"。

9. 宋应星《天工开物》

宋应星（1587～1666？），江西奉新人。少有大志，博览经、史、子、集各书，28岁中举人，44岁以后全力转向学术，著述等身。科学技术类有《谈天》《论气》《观象》《乐律》等（仅存前两种），政论类有《野议》《思怜诗》《画音归正》《春秋戎狄解》《杂色文》等（仅存前两种），人文类有《厄言十种》《原耗》《美利笺》等（全佚）。代表作为《天工开物》。

◇ 《天工开物》卷首

　　《天工开物》成于1637年。全书6.2万字，插图123幅，分上中下3册，18章。它是作者行数十万里路，在深入考察全国各地田间、作坊的基础上撰成，涉及30个不同生产部门的技术，是中国晚古时期生产技术的百科全书。书中记载中国古代一系列先进的技术：如第一章《乃粒》记述一亩水稻秧田育秧30天后，可移载25亩水田，即1：25；早稻食水3升，晚稻食水5升，失水即枯。说明中国水稻栽培技术已进入定量阶段。第二章《乃服》记载蚕的变异现象，与19世纪英国C.达尔文的记述几乎相同，其中提出一化性蚕与二化性蚕进行人工杂交，黄茧蚕与白茧蚕进行人工杂交，可培育出具有双亲优点的新蚕种；并通过浴蚕，淘汰病蚕，使健蚕发育成长。第八章《冶铸》所示的失蜡法、实体模型铸造法、

◇《天工开物》中的千钧锚锻造图

无模铸造法，第十章《锤锻》所载的淬火法、生铁淋口、拉丝模具冷拉铁丝、表层渗碳处理等加工工艺，第十一章《燔石》所述开采煤矿的瓦斯排空技术、巷道交护技术等，都居当时世界先进水平。第十四章《五金》所记煤炼铁法、生熟铁连续冶炼技术、灌钢技术、炼锌（当时称"倭铅"）技术，以及铜、锌按不同的比例冶炼出不同性能的黄铜合金等，在世界上都是中国首创。《天工开物》是中国古代科技史上具有里程碑意义的著作，亦是世界古代科技史上的名著。

中华文明产生以来，中国传统科学技术长期处于世界发展的前列，及至公元3世纪起则领先于世界，并持续千年以上，直至16世纪。以后，中国传统科学技术开始衰落，至今仅剩中医学。相反，西方随着工业社会的兴起，于 16 ～ 17 世纪产生第一次科学革命（始于哥白尼的日心说，终于牛顿力学），科学技术迈入近代阶段，也进入了以分析为主的科学时代。18 世纪末和 19 世纪发生第二次科学革命（有细胞学说、能量守恒定律、进化论 19 世纪三大科学发现等）。20 世纪量子力学、相对论和 DNA 双螺旋等成就第三次科学革命，科学技术进入现代阶段。在科学革命推动下，西方又先后发生两次技术革命，即 1750 ～ 1850 年的工业革命和 1946 年以电子计算机出现为标志的信息革命。

中国发达的农业社会没有衍生出工业社会，因而也不可能产生一系列科学革命及其技术革命，中国传统科学技术没有产生出近代科学、现代科学。中国的近代科学、现代科学都是由西方传入的。中国科学技术近几百年来一直落后于西方。

20 世纪六七十年代以后，世界科学技术由分析为主进入综合为主的时代，即从小科学进入大科学时代，从简单科学发展到复杂科学时代，使以综合为主、强调整体性和生成论的中国传统科学技术焕发新的青春。中国传统科学技术的许多理论、观点、方法、技术基因，以及大量的系统的自然史料，开始在中国科学技术现代化中发挥作用；事实也已证明中国传统科学技术是科技人员进行科技创新的重要源泉。唯有创新，实现跨越式发展，才能在科学技术上赶上并超过西方。因此，弘扬、发掘中国传统科学技术，并使之与中国科学技术现代化相结合，已成为 21 世纪一项急迫的重大工程。而且，要真正实现具有中国特色的科学技术现代化的伟大历史任务，也离不开弘扬、光大中国传统科学技术中的精华。